中国地质调查成果 CGS 2024-015
吉林省矿产资源潜力评价系列丛书

吉林省重要矿产区域成矿规律图(1∶500 000)及说明书

JILIN SHENG ZHONGYAO KUANGCHAN QUYU
CHENGKUANG GUILÜTU (1∶500 000) JI SHUOMINGSHU

于 城 李德洪 松权衡 等编著

图书在版编目(CIP)数据

吉林省重要矿产区域成矿规律图(1:500 000)及说明书 / 于城等编著. —武汉：中国地质大学出版社，2025.4. —(吉林省矿产资源潜力评价系列丛书). —ISBN 978-7-5625-6190-3

Ⅰ. P617.234

中国国家版本馆 CIP 数据核字第 2025W65E31 号

审图号：吉 S(2025)001 号

吉林省重要矿产区域成矿规律图(1：500 000)及说明书			于 城 等编著
责任编辑：周 豪	选题策划：毕克成 段 勇 张 旭		责任校对：张咏梅
出版发行：中国地质大学出版社(武汉市洪山区鲁磨路388号)			邮编：430074
电　　话：(027)67883511	传　　真：(027)67883580		E-mail：cbb@cug.edu.cn
经　　销：全国新华书店			http://cugp.cug.edu.cn
开本：880mm×1230mm　1/16		字数：312千字	印张：5　附图：1
版次：2025年4月第1版		印次：2025年4月第1次印刷	
印刷：湖北睿智印务有限公司			
ISBN 978-7-5625-6190-3			定价：128.00 元

如有印装质量问题请与印刷厂联系调换

目 录

第一章 吉林省成矿地质背景 ··· (1)
 第一节 地 层 ··· (1)
 第二节 火山岩 ·· (10)
 第三节 侵入岩 ·· (11)
 第四节 变质岩 ·· (13)
 第五节 地质构造环境及其历史演化 ·· (16)

第二章 吉林省矿床及矿产预测类型 ·· (20)

第三章 吉林省成矿区带划分 ·· (29)
 第一节 成矿区带划分原则 ··· (29)
 第二节 成矿区带划分结果 ··· (30)

第四章 吉林省成矿区带成矿特征及演化 ··· (36)
 第一节 突泉-翁牛特 Pb-Zn-Fe-Sn-REE 成矿带 ····································· (36)
 第二节 小兴安岭-张广才岭(造山带) Fe-Pb-Zn-Cu-Mo-W 成矿带 ···················· (37)
 第三节 吉中-延边(活动陆缘) Mo-Au-As-Cu-Zn-Fe-Ni 成矿带 ······················· (42)
 第四节 佳木斯-兴凯(地块) Fe-Au-P-石墨-夕线石成矿带 ··························· (58)
 第五节 辽东(隆起) Fe-Cu-Pb-Zn-Au-U-B-菱镁矿-滑石-石墨-金刚石成矿带 ········ (62)

主要参考文献 ··· (73)

第一章 吉林省成矿地质背景

吉林省大地构造位置处于华北古陆块（龙岗地块）和西伯利亚古陆块（佳木斯-兴凯地块）及其陆缘增生构造带内。由于多次裂解、碰撞、拼贴、增生，岩浆活动、火山作用、沉积作用、变形变质作用异常强烈，形成若干稳定地球化学块体和地球物理异常区，相对应出现若干大型—巨型成矿区（带），它们共同控制着吉林省重要贵金属、有色金属、黑色金属、能源、非金属和水汽等不同矿产的成矿、矿种种类、矿床规模和分布。

吉林省内出露有太古宙—新生代各时代多种类型的地质体，地质演化过程较为复杂，经历了太古宙陆块形成阶段、古元古代陆内裂谷（坳陷）阶段、新元古代—古生代古亚洲构造域多幕陆缘造山阶段、中新生代滨太平洋构造域阶段的地质演化过程。

第一节 地 层

吉林省与成矿有关的地层发育，其分布和时间演化主要受古亚洲洋与太平洋两大构造体系的制约。总体上前中生代属于古亚洲东段南北分异、近东西向的古构造格局；中生代以来，由于受洋-陆两大构造体系相互作用的结果，在前中生代构造格架之上叠加形成了大致平行的北东—北北东向盆、隆相间的构造带，形成了中国东部东西向和北北东向两组主干构造交叉叠置的格局。由此，吉林省的地层划分为前中生代、中生代和新生代地层。

一、太古宇

太古宇火山沉积岩分布于吉南龙岗复合地块边缘，由中太古代变质表壳岩和新太古代变质表壳岩组成，残存于太古宙 TTG 岩系中，含铁、金和磷等矿产。中太古界龙岗岩群为四道砬子河岩组、杨家店岩组，新太古界夹皮沟岩群为老牛沟岩组和三道沟岩组。

1. 中太古界

（1）四道砬子河岩组（$Ar_2 s.$）：由斜长角闪岩、黑云斜长片麻岩、浅色麻粒岩、黑云变粒岩夹磁铁石英岩组成。厚度 5075m。获得 Rb-Sr 等时线年龄（2972±190）Ma。原岩为基性火山岩-硅铁质沉积，是吉林省铁、铜矿产的主要赋存层位之一，含有低品位的磷灰石矿化。

（2）杨家店岩组（$Ar_2 y.$）：岩性为斜长角闪岩、黑云片麻岩、黑云斜长片麻岩、二云片麻岩、石榴子石黑云变粒岩和磁铁石英岩。厚度 4076m。Pb 等时线年龄（2950±30）Ma。原岩为基性火山岩-碎屑岩-火山硅铁质沉积，是吉林省铁、铜矿产的主要赋存层位之一，含有具工业意义的晶质磷矿。

2. 新太古界

（1）老牛沟岩组（$Ar_3 ln.$）：由黑色斜长角闪岩、黑云变粒岩组成。厚度 2800～3000m。U-Pb 年龄为2740Ma，Pb-Pb年龄为2490Ma。原岩为中基性—酸性火山(碎屑)岩、硅铁质沉积岩，是吉林省铁、金、铜矿产的重要赋存层位之一，含有低品位的磷灰石矿化。

(2)三道沟岩组($Ar_3 sd.$)：由绢云石英片岩、磁铁石英岩、绢云绿泥片岩、斜长角闪岩组成。厚度1277～2800m。原岩为火山质含硅铁质沉积，是吉林省铁、金、铜矿产的重要赋存层位之一，含有低品位的磷灰石矿化。

二、元古宇

元古宇主要分布在吉林省南部，在北部陆缘带零星分布，呈捕虏体产出。吉南地区包括古元古界集安岩群和老岭岩群、新元古界青白口系和震旦系；吉中—延边地区包括新元古界色洛河岩群、塔东岩群、青龙村岩群。

1. 古元古界

古元古界主要分布于集安—珍珠门—八道沟一带，与成矿和矿化关系比较密切的主要有集安岩群的蚂蚁河岩组、荒岔沟岩组、大东岔岩组，老岭岩群的达台山岩组、新农村岩组、板房沟岩组、珍珠门岩组、花山岩组、临江岩组和大栗子岩组。

1) 集安岩群

该岩群主要由一套以含硼、含墨、多硅高铝和含铁为特征的火山-沉积变质岩系组成。赋存的矿产不仅种类繁多，而且蕴藏丰富，主要有硼、磷、石棉、云母、滑石、铁、金、银、铜、铅锌、硫铁、稀土等。

(1)蚂蚁河岩组($Pt_1 m.$)：由斜长角闪岩、黑云变粒岩、钠长浅粒岩、电气石变粒岩、蛇纹橄榄大理岩及混合岩组成，以含硼而不含石墨为特征。厚度大于786.6m。赋存的主要矿产有硼、石棉、金、硫铁、铜铁，其次有金云母、滑石、透辉石、水镁石等。

(2)荒岔沟岩组($Pt_1 h.$)：以含石墨为特点的岩石组合，下部为石墨变粒岩、含墨透辉变粒岩、浅粒岩夹斜长角闪岩；中部为含墨大理岩；上部为含墨变粒岩和大理岩。总厚度737m。赋存的主要矿产有石墨、金、银、铜、铅锌等。

(3)大东岔岩组($Pt_1 d.$)：主要岩石类型为含榴堇青夕线斜长片麻岩、石榴子石片麻岩、黑云变粒岩、浅粒岩。厚度936m。赋存的主要矿产有金、银、铅锌等。

2) 老岭岩群

该岩群主要为一套海相碎屑岩-碳酸盐岩，以变质程度较浅为特征，分布的矿床、矿点众多。赋存的矿产主要有铁、磷、硫铁、金、铜、钴、铅锌、滑石、石棉等。

(1)达台山岩组($Pt_1 dt.$)：由砾岩、含砾长石石英砂岩、长石石英砂岩、粉砂质页岩组成。厚度820m。赋存的矿产主要为扁豆状磷矿。

(2)新农村岩组($Pt_1 x.$)：以长石石英岩、钠长浅粒岩、黑云变粒岩、透辉变粒岩为主夹白云质大理岩、硅质大理岩、透闪大理岩。厚度570.6m。与金成矿关系比较密切。

(3)板房沟岩组($Pt_1 b.$)：由钙硅酸盐岩、硅质条带大理岩、黑云变粒岩、透闪变粒岩、千枚岩夹大理岩组成，厚度191.9m，与金成矿关系比较密切。

(4)珍珠门岩组($Pt_1 z.$)：由碳质白云质大理岩、角砾状白云质大理岩、白云质大理岩、透闪石化硅质白云质大理岩组成。厚度952.2m。赋存的矿产主要有胶磷矿、硫铁矿、铅锌、铜、金、赤铁矿等。

(5)花山岩组($Pt_1 hs.$)：为一套砂泥质岩石及灰岩，主要由云母石英片岩、十字石二云片岩、二云片岩及大理岩组成，遭受了较强的区域变质作用。厚度4675m。赋存的矿产主要有铅锌、铜、金、硫铁矿、石棉等。

(6)临江岩组($Pt_1 l.$)：由长石石英岩、石英岩、黑云变粒岩、含榴夕线堇青斜长片麻岩、黑云斜长片麻岩、石英片岩和十字石二云片岩组成,其中常见夕线石、石榴子石和十字石等变质矿物。厚度773.4m。赋存的矿产主要有金、铅锌等。

(7)大栗子岩组($Pt_1dl.$):主要岩石有薄层石英岩、二云片岩、石英片岩、十字石片岩、千枚状片岩、绢云千枚岩、绿泥绢云千枚岩、中厚层大理岩、白云质大理岩等。厚度2586m。赋存的矿产主要有铁、铜、钴、铅锌、金、银、锑等,产有著名的大栗子铁矿、大横路铜钴矿。

2. 新元古界

新元古界在吉林省均有分布。吉南地区主要分布于样子哨盆地和浑江凹陷南北两岸,主要岩石地层单位为青白口系和震旦系,为一套碎屑岩-泥灰岩-碎屑岩建造。吉中—延边地区主要分布于龙岗断块的北部边缘及造山带内,主要岩石地层单位为色洛河岩群、塔东岩群和青龙村岩群,为一套变质火山岩、碎屑岩及碳酸盐岩建造。由于受岩体侵入和后期构造改造影响,该套地层完整性差,多呈零星分布。

1)青白口系

青白口系与成矿和矿化关系比较密切的主要有下统白房子组,上统钓鱼台组、南芬组。

(1)白房子组(Qb_1b):为一套杂色的长石石英砂岩、细砂岩、粉砂岩和页岩。此组可划分为3个岩性段:下段为黄绿色砂岩及黑色页岩层;中段为灰白色长石石英砂岩夹粉砂岩及鲕绿泥石赤铁矿-菱铁矿层;上段为紫色细砂岩、粉砂岩夹黄绿色砂岩层;底部常见数米厚的砾岩层。厚度883m。赋存的矿产主要有菱铁矿和赤铁矿,即临江式铁矿。

(2)钓鱼台组(Qb_2d):由紫色、灰白色、白色长石砂岩、石英砂岩、海绿石石英砂岩组成;底部铁质石英角砾岩中夹2~3层赤铁矿层(伴生磷、锰矿化)。厚度388~599m。赋存的矿产主要有铁、金、磷等,产有浑江式铁矿、金英式金矿。

(3)南芬组(Qb_2n):可分为两个岩性段。下段为紫色页岩与黄绿色、蛋青色板岩、泥质岩夹薄层石膏;上段为紫色页岩夹粉砂岩。厚度790m。赋存的矿产主要有铁、磷、钾(海绿石层)、铜等,下部含硅质较高的板状泥灰岩是闻名的松花砚的上等原料。

2)震旦系

震旦系与成矿和矿化关系比较密切的主要为上统八道江组、青沟子组。

(1)八道江组(Z_2b):由碎屑灰岩、藻屑灰岩及叠层石礁灰岩夹3层硅质岩层组成。厚度288.8m。与铜成矿关系密切,其中的叠层石灰岩是很好的建筑石材。

(2)青沟子组(Z_2qg):由碳酸盐岩及黑色页岩组成。此组划分3个岩性段:下段为中厚层及中薄层灰岩、白云质灰岩、沥青质灰岩及藻屑灰岩;中段为菱铁矿化白云岩与黑色页岩互层;上段为黑色页岩,常夹有菱铁矿化或赤铁矿条带的灰岩或灰岩透镜体。厚度80m。赋存的矿产主要有铁、磷等。

3)色洛河岩群

色洛河岩群主要岩性为变质火山碎屑岩、大理岩及斜长角闪岩。下部以变质中基性—中性火山岩为主,上部以变质酸性火山岩为主。厚度大于2583m。同位素年龄为1654~1616Ma。该岩群是金、铁的主要赋矿层位,赋存的矿产主要有金、铁、铜、铅锌等。

4)塔东岩群

(1)拉拉沟岩组($Pt_3l.$):以角闪质岩石为主,含有斜长角闪岩、角闪岩、透辉斜长变粒岩,少量浅粒岩、透辉石榴变粒岩、夹磁铁绿帘石岩和磁铁透辉斜长变粒岩。厚度大于865.9m。赋存的矿产主要有铁、磷等。

(2)朱敦店岩组($Pt_3z.$):以黑云石英片岩、黑云变粒岩、浅粒岩、斜长角闪片麻岩、斜长角闪岩夹数层大理岩为特征,大理岩中硅质条带发育。厚度1073m。

(3)机房沟岩组($Pt_3j.$):为含铁变质岩系,以绢云石英片岩、绿泥石英片岩、绢云片岩夹大理岩(结晶灰岩)、方解绿泥磁铁片岩和磁铁矿扁豆体为特征。原岩为一套中—酸性火山岩夹钙泥质或泥质粉砂岩和含铁或铁质泥硅质岩及碳酸盐岩。这套建造内赋存有塔东式铁矿。

(4)西保安岩组($Pt_3xb.$):以含沉积变质铁矿为特征,岩性以角闪质岩石为主,由斜长角闪岩、角闪片岩、斜长云母片岩、角闪变粒岩组成,上部偶见大理岩薄层,夹磁铁矿数层岩。厚度1073m。赋存的矿产主要有塔东式铁矿,其次有锰、磷等矿产。

5)青龙村岩群

(1)新东村岩组($Pt_3xd.$):变质程度达高绿片岩相—高角闪岩相,主要岩石类型为黑云角闪斜长片麻岩、黑云斜长片麻岩及石英片岩。厚度大于285m。与金成矿关系比较密切。

(2)长仁大理岩($Pt_3c.$):与新东村岩组相伴出现,在长仁地区变质程度较高,岩石类型为含墨或含硅质条带大理岩。厚度980m。与金成矿关系比较密切。

三、古生界

1. 上古生界

1)寒武系

寒武系在吉林省均有分布,与成矿和矿化关系比较密切的主要有吉南地区的水洞组、昌平组、碱厂组、馒头组、张夏组、崮山组、炒米店组及吉中地区的头道沟岩组。

(1)水洞组($\in_1 s$):由两类基本层组成。其一是以含磷砂质砾岩、含磷含砾砂岩与含磷粉砂岩或砂质胶磷矿为基本层的旋回层;其二是底部以含磷砂岩、粉砂岩为基本层的数个旋回层,上部为紫红色粉砂质页岩。此组厚度45.2m,是吉林省重要的含磷层位,普遍具有一定的磷矿化。磷矿化类型属于层状含磷碎屑岩型,包括含胶磷矿砂岩及胶磷矿含砾砂岩或砾岩。

(2)馒头组($\in_1 m$):①东热段($\in_1 m^d$)以一套紫色调为主夹有灰白色、青灰色、灰紫色、紫红色的粉屑白云岩、泥质白云岩为特征。底部为砾岩(角砾岩),下部为砂—粉屑状泥质白云岩、白云岩交替层,中上部含膏层由纹层状白云岩-白云质石膏、硬石膏-粉屑白云岩3个基本层组成,顶部的粉屑状含铁泥质白云岩为东热段的标志层。此段厚度72~96.1m,赋存的矿产主要有石膏、锑、钼、银等,已发现多处大、中型石膏矿床。②河口段($\in_1 m^h$)由粉砂岩、粉砂质页岩和页岩组成,夹有数层含海绿石灰岩、生物屑灰岩和鲕状灰岩。下部以暗紫色、猪肝色为主;上部以黄绿色、青灰色为主。此段厚度580m,赋存的矿产主要有锑、钼、银等。

(3)张夏组($\in_2 z$):下部以青灰色厚层鲕状生物屑灰岩为主,夹有2~3层黄绿色薄层状灰岩;中部为灰色、青灰色厚层生物屑灰岩,含海绿石生物屑灰岩;上部为青灰色、灰色薄层状灰岩夹少量页岩。厚度250m。赋存的矿产主要有锑、钼、铜、银等。

(4)崮山组($\in_3 g$):以碎屑岩为主,夹有薄层灰岩。下部为紫色粉砂岩、页岩夹薄层灰岩、竹叶状灰岩;上部为黄绿色、紫色页岩、粉砂岩夹数层条带状灰岩,以粉砂岩、页岩为主夹灰岩透镜体。厚度大于336m。赋存的矿产主要有铜、钼、铅锌、锑、银等。

(5)炒米店组($\in_3 c$):由亮晶砾屑灰岩、杂基粒屑灰岩、泥亮晶团粒灰岩、泥亮晶生物碎屑灰岩、泥质条带泥晶灰岩、泥晶灰岩及少量粉屑灰岩等组成。厚度50~120m。赋存的矿产主要有铜、钼、铅锌、锑、银等。

(6)头道沟岩组($\in t.$):划分为两个岩性段。上段为变质砂板岩段,以正常沉积碎屑岩为主,夹斜长阳起石岩、大理岩;下段为斜长阳起石岩段,以斜长阳起石岩为主,夹变安山岩、变质砂岩等。厚度大于1628m。赋存的矿产主要有硫铁、金、铜等。

2)奥陶系

奥陶系在吉林省均有分布,与成矿和矿化关系比较密切的主要有吉南地区的冶里组、亮甲山组、马家沟组;吉中地区下二台岩群的盘岭岩组、黄顶子岩组、烧锅屯岩组、放牛沟火山岩,呼兰岩群的黄莺屯岩组、小三个顶子岩组。

(1)冶里组(O_1y):以中厚层、中薄层灰岩为主,夹页岩、竹叶状灰岩。厚度137.8m。赋存的矿产主要有铅锌、锑。

(2)亮甲山组(O_1l):以豹皮状生物搅动灰岩、厚层状白云质灰岩为主,夹薄层灰岩和竹叶状灰岩,顶部有角砾状灰岩。厚度311m。赋存的矿产主要有钼、锑。

(3)马家沟组(O_1m):由角砾状灰岩、粉屑灰岩、泥晶灰岩或白云质灰岩组成,底部为厚层状,中部为薄层状、中薄层状,向上呈厚层状和巨厚层状。厚度354m。赋存的矿产主要有钼、锑。

(4)下二台岩群:①盘岭岩组($Op.$)由角闪变粒岩、黑云斜长变粒岩、黑云变粒岩、变质流纹岩组成,夹有黑云角闪变粒岩及变质粉砂岩,厚度793.8m,与金成矿关系比较密切;②黄顶子岩组($Oh.$)以含细粒石英屑大理岩、粉砂质大理岩、条带状含硅质结核大理岩为主,夹数层变质粉砂岩、石英砂岩、片岩和碳质板岩,厚度336.3m,与金成矿关系比较密切;③烧锅屯岩组($Os.$)由黑云变粒岩、角闪变粒岩、二云石英片岩、黑云石英片岩、角闪石英片岩组成,厚度166m,与金成矿关系比较密切;④放牛沟火山岩(Of)主要为浅变质中酸性火山岩-碳酸盐岩-碎屑岩建造,以变质砂岩、粉砂岩与结晶灰岩为旋回层的一套地层,厚度2 102.6m,赋存的矿产主要有硫铁、铅锌、钼、铜、锑。

(5)呼兰岩群:①黄莺屯岩组($Ohy.$)上部以变粒岩为主,偶夹硅质条带大理岩,中部为变粒岩、含石墨变粒岩与硅质条带大理岩、含石墨硅质条带大理岩互层,下部为含电气石石榴二云片麻岩。此组厚度4 251.7m,赋存的矿产主要有金、铜、银。②小三个顶子岩组($Oxs.$)以含燧石条带大理岩、厚层含石墨大理岩、白云质大理岩为主,夹少量变粒岩、石英岩及片岩,厚度914m,与金成矿关系比较密切。

3)志留系—泥盆系

志留系—泥盆系主要分布在南北古陆块之间的陆缘带,是在古亚洲洋扩张阶段造山后伸展期形成的。与成矿和矿化关系比较密切的主要有吉中地区志留系桃山组、石缝组、弯月组、椅山组、张家屯组、二道沟组和泥盆系王家街组以及延边地区五道沟岩群的马滴达岩组、杨金沟岩组、香房子岩组。

(1)桃山组(S_1t):笔石页岩相地层,由灰色、深灰色细砂岩、薄层粉砂岩、深灰色厚层粉砂岩夹数层泥灰岩透镜体组成,上部有条带状结晶灰。产大量笔石化石。厚度252.9m,与金成矿关系比较密切,赋存的矿产主要有金、铅锌。

(2)石缝组(Ss):以变质砂岩、粉砂岩与结晶灰岩为旋回层的一套地层,结晶灰岩中产床板珊瑚。厚度2 102.6m。与金成矿关系比较密切,赋存的矿产主要有金、铅锌、萤石。

(3)弯月组(Sw):以片理化流纹岩、流纹凝灰熔岩、中酸性熔岩、中性熔岩为主夹结晶灰岩组成,厚度1 312.7m。与金成矿关系比较密切,赋存的矿产主要有金、铅锌。

(4)椅山组(Sy):以碎屑岩和碳酸盐岩为主的一套地层。下部砂岩与灰岩互层;上部为红柱石板岩、千枚状板岩夹数层变质砂岩。厚度1 926.8m。与金成矿关系比较密切。

(5)张家屯组(S_3z):由砾岩、含砾砂岩、砂岩和粉砂岩夹灰岩透镜体组成,上部为紫色砂岩层,下部为砾岩,有珊瑚、腕足类化石。厚度380m。与金、萤石成矿关系比较密切。

(6)二道沟组(S_4e):下部以砂岩、粉砂岩为主,夹灰岩透镜体;上部以灰色、灰白色厚层灰岩、生物屑灰岩为主,夹薄层砂岩、粉砂岩。富含珊瑚、腕足、三叶虫、牙形石和层孔虫等多门类化石。厚度大于555m。与金、萤石成矿关系比较密切。

(7)王家街组(D_2w):下部为粗粒长石砂岩、粉砂岩;上部为灰色、深灰色中厚层灰岩,含燧石结晶灰岩、生物屑灰岩。产珊瑚和层孔虫化石。厚度876.7m。与金成矿关系比较密切。

(8)马滴达岩组($Sm.$):以变质砂岩、粉砂岩为主,夹有变安山岩、英安质火山岩和火山碎屑岩。厚度大于227.6m。与金成矿关系比较密切,赋存的矿产主要有金、铜、钨。

(9)杨金沟岩组($Sy.$):由灰黑色角闪石英片岩、绿色角闪片岩、黑云片岩夹条带状大理岩和变质砂岩组成。厚度570.4m。与金成矿关系比较密切,赋存的矿产主要有金、铜、钨。

(10)香房子岩组($Sx.$):以黑色板状红柱石二云片岩、红柱石二云石英片岩、黑云角闪石英片岩为主,夹变质砂岩和粉砂岩。厚度1 225.4m。与金成矿关系比较密切,赋存的矿产主要有金、铜、钨。

2. 下古生界

吉林省下古生界十分发育,主要分布于吉南地区浑江盆地、吉中地区磐双裂陷内及延边地区,由石炭系和二叠系构成,为一套复陆屑建造、有机岩建造及红色沉积建造,以及滨浅海相复陆屑沉积岩、碳酸盐岩、火山岩及陆源碎屑沉积岩。

1)石炭系

石炭系与成矿和矿化关系比较密切的主要有吉中地区的通气沟组、余富屯组、鹿圈屯组、磨盘山组、石嘴子组、窝瓜地组,延边地区的天宝山组、山秀岭组,以及吉南地区的本溪组、山西组。

(1)通气沟组(C_1t):下部为黄绿色中粒砂岩、细砂岩;上部为黄绿色中粒砂岩与粉砂岩互层,偶夹页岩。此组产腕足、双壳类及苔藓虫化石。厚度大于313.2m。与金成矿关系比较密切。

(2)余富屯组(C_1y):下部为石英角斑岩、细碧岩、角斑质凝灰岩互层夹凝灰质砂岩;上部为石英角斑岩、凝灰岩互层夹细碧岩及大理岩。岩石普遍有硅化和青磐岩化蚀变,在灰岩中有珊瑚和腕足类化石。厚度大于309.4m。与金、银成矿关系比较密切。

(3)鹿圈屯组(C_1l):以砂岩、粉砂岩、灰岩或砂岩、粉砂岩、板岩为基本层序的旋回层。产珊瑚、腕足类、双壳类、苔藓虫、植物、介形虫和牙形石等化石。最大厚度2300m。赋存的矿产主要有萤石、矽卡岩型铁矿。

(4)磨盘山组(C_1m):下部为砂屑灰岩(或鲕粒灰岩)、亮晶灰岩、泥晶灰岩、硅质岩;上部为泥晶灰岩、亮晶灰岩、砂屑灰岩。厚度大于800m。赋存的矿产主要有萤石。

(5)石嘴子组(C_2s):以碎屑岩(砂岩、页岩)为主,夹有数层薄层灰岩。产蜓类化石。厚度578m。赋存的矿产主要有金、铜。

(6)窝瓜地组(C_2w):下部为灰白色英安岩、英安质火山角砾岩及凝灰岩夹灰岩透镜体;上部以黄白色流纹岩及凝灰岩夹薄层灰岩为基本层序。产动物化石。厚度700.7m。赋存的矿产主要有金、铜。

(7)天宝山组(C_2t):下部为角岩化钙质粉砂岩、角岩化页岩、结晶灰岩、燧石条带结晶灰岩;中部为黑色板岩、燧石条带结晶灰岩、泥质岩、结晶灰岩等;上部为长石石英砂岩、钙质粉砂岩、燧石结核结晶灰岩、条带状灰岩、质纯灰岩等。厚度大于1200m。赋存的矿产主要有铅锌、铜、钼。

(8)山秀岭组(C_2s):以灰岩为主,下部为火山灰凝灰岩,向上出现角砾状灰岩、含砂屑鲕状灰岩、亮晶灰岩和泥晶灰岩。产蜓类和腕足类化石。厚度大于517m。赋存的矿产主要有铅锌。

(9)本溪组(C_1b):由砾岩、粗砂岩、中砂岩、粉砂岩及铝土质页岩或薄煤层组成。产大量的植物化石。厚度102m。赋存的矿产主要有煤、锑、耐火黏土。

(10)山西组(C_2—P_1s):为煤系地层,主要岩性为中—中粗粒砂岩与灰黑色、黑色砂岩、粉砂岩和煤层,可分为下含煤段和上含煤段,分别相当于前人所称的"太原组"与"山西组"。下含煤段有3个煤层:其中1层可采,底部有黄色含砾砂岩,上含煤段底部为厚层中粗粒石英砂岩,含煤1~3层,顶部Ⅰ号煤层为主要可采层。此组厚度98m,为吉林省重要的含煤地层。

2)二叠系

二叠系与成矿和矿化关系比较密切的主要有吉中地区的范家屯组、哲斯组、杨家沟组(林西组)、影壁山组;延边地区的庙岭组、解放村组、开山屯组;吉南地区的石盒子组、孙家沟组。

(1)范家屯组(P_1f):下部为深灰色与灰黑色砂岩、粉砂岩、板岩;中部为厚层生物屑灰岩透镜体和凝灰质砂岩;上部为黑色、灰色板岩夹砂岩。厚度862m。赋存的矿产主要有金、铜、萤石。

(2)哲斯组(P_1zs):以含砾杂砂岩、长石砂岩、细砂岩为主,夹粉砂岩、灰岩透镜体及含铁硅质岩。产腕足、头足类化石。厚度2 095.4m。与金成矿关系比较密切。

(3)杨家沟组(林西组,P_2y/P_2l):以黑灰色砂岩、板岩为主,夹含砾砂岩,局部夹薄层砾屑灰岩、泥灰岩透镜体。产动植物化石。厚度大于568.8m。与金、银成矿关系比较密切。

(4)影壁山组(P_2—T_1yb):原卢家屯组的下段和中段,即影壁山砾岩段和漏斗山杂色岩段之和,由紫色、青灰色、灰绿色、黄色砾岩、砂岩和页岩组成。厚度3 989.9m。与金成矿关系比较密切。

(5)庙岭组(P_1m):下部为灰色与绿灰色长石石英砂岩、杂砂岩、粉砂岩夹薄层灰岩透镜体;上部为砂岩、粉砂岩、板岩夹厚层灰岩透镜体,在庙岭一带灰岩厚度较大,灰岩中产丰富的蜓、珊瑚化石。厚度702.6m。赋存的矿产主要有金、铜、铅锌、银。

(6)解放村组($P_{1-2}j$):为陆相和海陆交互相的碎屑沉积岩系,局部有灰岩透镜体。产植物和动物化石。厚度874.9m。与钨成矿关系比较密切。

(7)开山屯组(P_2k):下部以花岗质砾岩为主,夹有碳质粉砂岩和砂岩;上部砾岩变少,由砂岩、碳质粉砂岩组成,其中产大量植物化石。厚度351m。与金成矿关系比较密切。

(8)石盒子组(P_2sh):以粗砂岩、细砂岩为主,夹页岩、铝土页岩、铝土岩和碳质页岩,偶夹煤线和薄煤层。中部以紫色为主,间有黄绿色;下部和上部则以黄绿色、灰绿色为主,间有紫色,还有少量白色和黑色岩石。厚度大于237.19m。赋存的矿产主要有锑、铝土、耐火黏土、煤。

(9)孙家沟组(P_2s):下部为紫红色中粒砂岩、细砂岩、粉砂岩,偶夹铝土质页岩和薄层石膏;上部为紫红色页岩及泥岩。厚度大于262m。赋存的矿产主要有锑、铝土、石膏。

四、中生界

1. 三叠系

三叠系与成矿和矿化关系比较密切的主要有吉南地区的小河口组、长白组,延边地区大兴沟群的托盘沟组、马鹿沟组、天桥岭组,吉中地区的卢家屯组、大酱缸组、四合屯组。

(1)小河口组(T_3xh):属河流-沼泽相含煤建造,夹多层薄煤层。下部为灰色、紫色砾岩、砂砾岩;上部为砂岩、粉砂岩、泥岩夹薄煤层。总厚度309m。

(2)长白组(T_3c):下段安山岩段为安山质角砾岩、集块岩及安山岩;上段流纹岩段以流纹质角砾岩、流纹岩组成的韵律层为特征,反映岩浆活动由中性向酸性的演化趋势。

(3)托盘沟组(T_3t):由中酸性火山岩及其凝灰岩组成的一套地层。下部以中性火山岩为主,安山质熔岩、凝灰岩夹凝灰质砾岩;上部酸性火山岩占主导,流纹质熔岩、凝灰岩夹有英安质火山岩。厚度1108m。与金、钨成矿关系比较密切。

(4)马鹿沟组(T_3m):以火山喷发间歇期沉积的河湖相及含丰富的植物化石为特征,主要岩性为凝灰质砂岩、粗砂岩、粉砂岩、板岩,夹3~4层薄煤层,厚度大于1000m。

(5)天桥岭组(T_3tq):为一套酸性火山岩系,下部以爆发相的凝灰岩为主;上部以流纹岩为主,夹凝灰岩。厚度852m。与金矿关系比较密切。

(6)卢家屯组(T_1l):由碎屑岩组成,可划分下、中、上3个岩性段,即影背山砾岩段、漏斗山杂色岩段、卢家屯黑色岩段,局部夹薄煤层。底部为石英长石粉砂岩、细砂岩,上段细碎屑岩出现原生菱铁矿和褐铁矿。厚度大于4745m。赋存的矿产主要有煤、铁、金等。

(7)大酱缸组(T_3d):为一套河流-湖沼相含煤地层,主要由砾岩、砂岩、粉砂质板岩、泥岩夹薄煤层组成。厚度1439m。

(8)四合屯组(T_3s):岩性以灰绿色与紫灰色安山岩、玄武安山岩为主,夹安山质熔结凝灰岩、粉砂岩。厚度397.5m。

2. 侏罗系

侏罗系在吉林省均有分布,与成矿和矿化关系比较密切的有吉南地区的义和组、小东沟组、果松组、鹰嘴拉子组、林子头组、石人组,延边地区的屯田营组,吉中地区的南楼山组、久大组、安民组、长安组,松辽盆地的红旗组、万宝组、沙河子组。

(1)义和组(J_1y):由砾岩、砂岩、页岩、凝灰岩、凝灰熔岩夹煤层及煤线组成。厚度大于700m。该组为吉林省主要的含煤地层。

(2)小东沟组(J_2y):为一套河流-沼泽相含煤碎屑岩沉积,主要岩性有含砾砂岩、泥质粉砂岩夹碳质页岩及薄煤层。产较为丰富的植物化石。厚度200~800m。赋存的矿产主要有煤、锑等。

(3)果松组($J_{2-3}g$):下部以砾岩、砂岩为主,产少量植物化石;上部为安山岩、安山质凝灰熔岩,局部有流纹岩、凝灰岩,产植物化石。厚度1610m。赋存的矿产主要有金、铜、铅锌、锑等。

(4)鹰嘴拉子组(J_3y):为湖相碎屑岩含煤建造,由砾岩、砂岩、粉砂岩、页岩及煤组成,局部地段含劣质油页岩层。产动植物化石。厚度413.1m。赋存的矿产主要有金、铅锌、锑等。

(5)林子头组(J_3l):凝灰质砾岩、砂岩、粉砂岩及中酸性凝灰岩互层,组成酸性火岩山系。产动植物化石。厚度213.7m。赋存的矿产主要有金、铜、铅锌等。

(6)石人组(J_3—K_1s):由砾岩、含砾砂岩、碳质页岩夹煤层组成。产植物化石。厚度大于300m。赋存的矿产主要有煤、锑等。

(7)屯田营组(J_3t):以中性火山岩-碎屑岩为主,由安山岩、集块岩、安山质凝灰角砾岩、凝灰岩夹凝灰质砂岩组成。厚度1 585.3m。赋存的矿产主要有金、铜、硫等。

(8)南楼山组(J_1n):下部以安山岩、安山质凝灰质砾岩为主,上部以中酸性熔岩为主。此组厚度1876m。赋存的矿产主要有金、铜、铅锌、硫等。

(9)久大组(J_3j):以湖沼相细碎屑岩沉积为主,夹煤层,由含砾砂岩、粉砂岩、泥岩、页岩及薄煤层组成。厚度200~300m。

(10)安民组(J_3a):为一套中酸性火山岩夹煤层,主要由安山岩、安山玄武岩和陆源碎屑岩组成,局部夹煤层。厚度大于900m。

(11)长安组(J_3—K_1ca):为一套碎屑岩含煤地层,岩性以砂质页岩、页岩、煤层为主,局部地区夹少量砾岩及凝灰质砂岩。此组可划分为上、下两个含煤层。下部含煤层多为复煤层,最厚可达33m,一般由1~6个分煤层组成;上部含煤层多呈线状或扁豆状,局部可采。总厚度大于1000m。

(12)红旗组(J_1h):主要由河流相、河漫滩及湖相碎屑堆积的含煤岩系组成,岩性为砾岩、砂岩、粉砂岩及薄层、中厚层煤层,为早侏罗世主要的含煤地层。厚度500~700m。

(13)万宝组(J_2w):为一套河流-湖沼相碎屑岩沉积。下段为砾岩段;上段为含煤段,由砂岩、粉砂岩、凝灰岩组成,含3~5层可采煤层,是主要的含煤地层。厚度大于100m。

(14)沙河子组(J_3s):为一套河流-沼泽相沉积。下部以粗碎屑岩为主,夹煤线;中部以砂页岩为主夹煤层,可采煤4~5层;上部以粗碎屑岩为主,夹煤线。厚度462m。

3. 白垩系

白垩系在吉林省均有分布,与成矿和矿化关系比较密切的有吉南地区的小南沟组,延边地区的长财组、大拉子组,吉中地区的金家屯组,松辽盆地的营城组。

(1)小南沟组(K_1x):由紫色与灰紫色砾岩、砂岩、粉砂岩、黏土岩组成。厚度大于900m。与锑成矿关系比较密切。

(2)长财组(K_1c):由砾岩、砂岩、页岩、泥岩、煤层等组成的含煤岩系,局部地段可采煤层达10余层。产植物化石。厚度400m。该组是白垩纪主要的含煤地层。

(3)大拉子组(K_1dl):属河流-湖泊相含油页岩沉积。下部砾岩层以黄褐色、灰绿色砾岩为主,夹砂岩、粉砂岩,局部夹薄煤层;上部为油页岩、黑色页岩及砂岩,夹紫色岩层。厚度2 849.5m。赋存的矿产主要有油页岩、煤、磷等。

(4)金家屯组(K_1j):主要岩性为一套中酸性火山岩夹火山碎屑岩及薄煤层,底部为一层厚约30m

的流纹质凝灰岩。厚度273m。

(5)营城组(K_1y):是由火山喷发和湖盆陆源堆积两种作用同时形成的火山-沉积建造。下部为中基性熔岩、安山岩、玄武安山岩夹凝灰质砾岩、凝灰质砂岩;上部以流纹质凝灰岩、凝灰质角砾岩为主,夹凝灰质砂岩及可采煤层。厚度860m。赋存的矿产主要有煤、萤石,还有珍珠岩、黑曜岩、膨润土、沸石等。

五、新生界

新生界在吉林省广泛发育,与成矿和矿化关系比较密切的主要有古近系缸窑组、棒槌沟组、吉舒组、珲春组、梅河组、桦甸组,新近系土门子组、水曲柳组、泰康组。赋存的矿产主要有煤、油页岩、黏土、硅藻土、硫铁矿。

1. 古近系

(1)缸窑组(Eg):为谷地边缘型沉积,主要由复成分砾岩、杂砂岩夹泥岩组成,个别地区夹碳质岩或煤层。此组厚度242.2m。

(2)棒槌沟组(Eb):为静水湖泊环境下沉积,以砂岩、粉砂岩、黏土岩为基本层序的韵律层,夹薄煤层,以含多层工业黏土矿为特征。厚度650m。

(3)吉舒组(Ej):属沼泽与河流、湖泊交替环境形成。下部的主要含煤段(1~18层)由细砂岩、粉砂岩、泥岩(页岩)、煤层组成,形成重要的含煤层;上部褐色砂页岩段由褐色泥岩、粉砂质泥岩组成。厚度380~710m。

(4)珲春组(Eh):主要岩性为砾岩、砂岩、页岩、凝灰质砂页岩夹煤层。此组分上、下两个含煤段:下段为河流冲积相、成煤沼泽相及湖滨相沉积;上段主要是成煤沼泽相-湖泊相沉积,煤层较多、较厚,为重要的可采煤层。厚度约1000m。

(5)梅河组(Em):主要为沼泽和湖泊相含煤碎屑岩沉积。此组分为4段。底部岩段为灰绿色含铝土质泥岩、杂色泥岩夹白色砂岩,往往有20m厚赤色砾岩;下含煤段由泥岩夹细砂岩、砾岩组成,含煤5层;泥岩段为致密块状褐色泥岩;上含煤段为砂岩、泥岩和砾岩,含煤9层;绿色岩段为灰绿色粉砂岩、细砂岩、中砂岩和泥岩。厚度1100m。

(6)桦甸组(Ehd):属沼泽-湖泊相碎屑岩沉积建造,主要由灰白色、灰色、灰绿色含砾粗砂岩、中细砂岩、细砂岩、粉砂质泥岩夹油页岩、薄层石膏和褐煤组成,含有工业价值的煤、油页岩和硫铁矿。厚度1935m。

2. 新近系

(1)土门子组(N_1t):以砾岩、砂岩、黏土岩为基本层序的岩石序列,夹有玄武岩及硅藻土层。产植物和孢粉化石。厚度419.6m。

(2)水曲柳组(N_1s):以砾岩、砂砾岩、砂岩、粉砂岩、泥质粉砂岩夹泥岩为基本层序的岩石序列,局部夹有1~2层劣质煤或煤线、黏土及硅藻土。厚度600m。

(3)泰康组(N_2t):岩性为灰绿色、黄绿色泥岩、砂质泥岩、砂岩、含砾粗砂岩,局部地区夹薄煤层及硅藻土。厚度150m。

3. 第四系

(1)更新统(Qp_3^{al}):分布在Ⅱ级阶地,多由泥砾、砂、亚砂土组成,砾石成分以花岗岩为主。厚度大于

5m。赋存的矿产主要为风化壳型稀土矿。

（2）全新统（Qh）：主要为冲洪积砂砾石层、沼泽砂泥、泥炭、风积砂、黏土、黑土等。厚度5～50m。赋存的矿产主要有砂金、沉积型稀土矿。

第二节 火山岩

吉林省火山活动频繁，按其喷发时代、喷发类型、喷发产物、构造环境等特征，自太古宙至新生代共有5期火山喷发旋回，自老至新为阜平期、中条期、加里东期、海西期、晚印支期—燕山期。

一、阜平期火山喷发旋回

阜平期火山喷发旋回主要发育在胶辽古陆块，由四道砬子期、杨家店期、老牛沟期和三道沟期喷发的基性和中酸性火山岩类组成。这套火山岩经过多期变质、变形，形成麻粒岩（局部）相、角闪岩相的变质岩石，以表壳岩为特征分布。原岩以拉斑玄武岩为主，间或有科马提岩，在吉林省浑江、桦甸、抚松、通化、靖宇等广大"陆块区"均有出露。该期火山岩与铁、金、铜、磷等成矿关系比较密切。

二、中条期火山喷发旋回

中条期火山喷发旋回为大陆边缘岛弧增生阶段形成的火山产物，为钙碱性系列的玄武岩-安山岩-流纹岩组合，初步划分为2个火山幕：第Ⅰ幕仅见于胶辽古陆北缘色洛河一带；第Ⅱ幕见于南部陆缘区西保安一带，还出露于松佳地块北缘机房沟和塔东一带，经变质作用后呈斜长角闪岩、蚀变安山岩、片理化流纹岩。该期火山岩与铁、金、铜、铅锌等成矿关系比较密切。

三、加里东期火山喷发旋回

加里东期火山喷发作用仅见于华北陆块北缘孤盆系中，可划分为3个火山幕：第Ⅰ幕为头道沟基性、中性火山喷发；第Ⅱ幕为盘岭火山活动，时代为奥陶系；第Ⅲ幕火山喷发活动强烈，有弯月安山岩类和巨厚的放牛沟安山岩-英安岩及其凝灰岩组成的多次喷发旋回。加里东期火山喷发旋回的主要岩石类型是钙碱性系列的中性—酸性火山岩，与金、银、铜、铅锌、硫等成矿关系比较密切。

上述岩石经广泛的区域变质作用，成为低角闪岩相—绿片岩相的变质岩。这套岩石虽经变质，但由于变质较浅，普遍保留了原火山结构特征。

四、海西期火山喷发旋回

海西期火山喷发作用分布较广，在华北陆块北缘、松佳拼贴地块南缘及小兴安岭-锡林浩特孤盆系中均有出露。泥盆纪吉林省内无火山活动，自石炭纪至二叠纪火山活动可划分为3个火山幕：第Ⅰ幕为石炭纪早中期发育的余富屯细碧岩系和石头口门细碧角斑岩系与安山岩类；第Ⅱ幕为南部陆缘带发育的窝瓜地英安质火山岩系,火山活动较弱;第Ⅲ幕发生于二叠纪中晚期,分布于中间岛弧和弧陆拼合造山带,除五道岭英安岩和流纹岩外,以英安质凝灰岩为主夹在碎屑岩系中,此外还有分布于松佳拼贴地块南缘的满河安山岩及其凝灰岩,属钙碱性火山岩。该期火山岩与金、银、铜、铅锌、铁、萤石等成矿关系比较密切。

五、晚印支期—燕山期火山喷发旋回

中生代始,本区已上升为陆地,成为欧亚大陆板块的东缘部分。在太平洋板块北西方向的俯冲作用下,本区出现了一系列近北东走向的断裂与褶皱,形成一系列的隆坳带,伴随以裂隙式、中心式为特点的火山活动,其产物为以钙碱性系列的安山岩、英安岩、流纹岩及其火山碎屑岩等过渡类型岩石为特征的玄武安山岩-安山岩-流纹岩组合,广泛分布在洮安、长春、舒兰、蛟河、延边等地。本旋回火山岩可划分为4个火山幕:第Ⅰ幕发生于晚三叠世到早侏罗世早期,分布于张广才岭-哈达岭火山盆地和太平岭-老岭火山盆地,长白中性—酸性火山岩、天桥岭酸性火山岩、托盘沟安山岩、四合屯-玉兴屯英安岩类属第Ⅰ幕的火山产物;第Ⅱ幕中、晚侏罗世火山岩,发育于吉林省,包括付家洼子、火石岭德仁、屯田营和果松安山岩及其凝灰岩类等;第Ⅲ幕发生于晚侏罗世晚期到白垩纪早期,分布于吉林省晚中生代盆地,主要岩性为酸性及英安质火山岩及其凝灰岩;第Ⅳ幕发生于白垩纪晚期至古近纪早期,仅分布于松辽盆地、大黑山火山盆地和太平岭-老岭火山盆地,主要岩性为中性、基性火山岩。该期火山岩与金、银、铜、铅锌、钨、锑、硫等成矿关系比较密切。

第三节 侵入岩

吉林省自太古宙至新生代侵入岩浆活动强烈,自老至新为阜平期、中条期、加里东期、海西期、印支期、燕山期,尤以海西期、印支期、燕山期岩浆活动最为强烈,形成了多个基性—超基性岩体群及大面积的中酸性侵入岩。

一、阜平期岩浆活动

阜平期岩浆活动主要分布于新太古代裂谷及辽吉地块上壳岩中,岩性为英云闪长岩-奥长花岗岩。该期岩浆活动成矿作用不太明显,仅在夹皮沟矿田中显示了对矿源层的改造,使金、铜等初步富集。

二、中条期岩浆活动

中条期侵入岩活动比较发育,主要分布在华北陆块区龙岗山脉及和龙一带,各类岩体产出的规模不等。基性—超基性岩体主要分布在华北陆块区,面积一般在 $0.5 km^2$ 左右,主要分布在凉水河子、夹皮沟、露水河、赤柏松、快大茂子等地,为多次侵入复合岩体,具深源液态分离及良好的就地分异特征,赋矿岩体类型主要有辉绿辉长岩-橄榄苏长辉长岩-二辉橄榄岩细粒苏长岩型、辉长玢岩型等,与铜镍成矿关系密切。中酸性花岗岩主要对产于绿岩中的金成矿有一定影响,该期花岗岩主要提供热源,对矿源层进行改造,使成矿物质活化、富集成矿。

三、加里东期岩浆活动

　　加里东期侵入岩基性—超基性岩较少,随着区域变质作用的发生,发育了中酸性岩浆侵入活动,并形成了过渡性地壳同熔型花岗岩。基性—超基性岩体沿着陆块北缘发育较少,主要分布在吉林中部杨木林子、敦化江源、万宝大蒲柴河、和龙长仁—獐项、柳水平等地区,均展布于古洞河深大断裂以北,呈北西向带状展布,可划分3种类型,即单期单相岩体、单期多相岩体、多期多相岩体;按岩石组合及分异特征,可分4种类型,即橄榄岩型、辉石岩型、辉石-橄榄岩型、橄榄岩-辉石岩-辉长岩-闪长岩杂岩型。其中单期多相、多期多相,并有一定规模的辉石岩相分异良好的岩体与铜、镍成矿关系密切,以铜、镍、铂、钯成矿作用为主,岩体的边缘多受混合岩化。该期中酸性岩浆活动成矿作用不太明显。

四、海西期岩浆活动

　　海西期侵入岩分早、中、晚3期,主要有基性—超基性及大面积的中酸性侵入岩。本期的基性—超基性侵入岩主要发育在早期和晚期,早期基性—超基性岩体一般呈脉状、岩墙状,具有东西向呈带状、北西向结群的分布特点,主要分布在吉林中部红旗岭、漂河川、一座营子、黄泥河子、额穆、细枝、唐大营、土顶子、蛟河、石峰,延边地区江源及天桥岭等地。该期基性—超基性侵入岩为铜镍矿床的形成奠定了基础,晚泥盆世超基性岩-橄榄岩、含辉橄榄岩具蛇纹石化,赋存铬铁矿。本期的中酸性侵入岩岩石类型主要为花岗岩、花岗闪长岩、闪长岩等,与金、银、硫铁矿等矿床的形成有密切关系,主要提供热源(包括热液)改造矿源层,使金、银等成矿物质进一步富集,为后期成矿提供物质基础。中二叠世闪长岩是钨矿的直接围岩之一。

五、印支期岩浆活动

　　印支期侵入岩主要分布在吉林中部、延边、通化等地,岩石类型从基性到酸性均有分布,以酸性岩为主。基性—超基性侵入岩主要分布在吉林中部侵入岩区,岩石类型以橄榄岩、辉长岩等为主,岩体一般呈脉状、岩墙状,具有东西向呈带状、北西向结群的分布特点,与海西期基性—超基性岩构成多个基性岩群,主要有红旗岭橄榄岩岩体、呼兰镇橄榄岩岩体,漂河川橄榄岩岩体,一座营子、黄泥河子、额穆、细枝、唐大营、土顶子、蛟河、石峰等辉长岩岩体,富太橄榄岩岩体,放牛沟橄榄岩岩体,放牛沟辉长岩岩体,溪河辉长岩岩体;延边侵入岩区常见的岩石类型有江源橄榄岩岩体、天桥岭辉长岩岩体、老牛沟辉长岩岩体。该期基性—超基性侵入岩与铜、镍成矿有密切关系,为铜镍矿床的主要赋矿岩体,如红旗岭铜镍矿、漂河川铜镍矿等。

　　本期的中酸性侵入岩岩石类型主要为闪长岩、石英闪长岩、花岗闪长岩、斜长花岗岩、二长岩等,与金、银、铁、钨、硫等矿床的形成有密切关系,中酸性侵入岩侵入到古生代地层常形成矽卡岩型铁矿。四平山门地区靠道子闪长岩岩体是山门银矿成矿母岩,珲春杨金沟地区晚三叠世花岗闪长岩岩体是杨金沟钨矿的直接围岩之一。

六、燕山期岩浆活动

　　燕山期岩浆侵入活动十分频繁,侵入岩分布广泛,岩石类型复杂多样,基性—超基性、中基性、中酸性、酸性及碱性岩类均有出露,其中以花岗岩类分布最为广泛,沿某些断裂带见有少量的超基性、基性及碱性岩类的出现。该期侵入岩形成的构造环境多样,构造岩石组合亦复杂多样,每期活动基本上都可划分出3种不同构造环境下相应出现的3类岩石组合,即在拉张作用中产生的"裂谷型"构造岩石组合,在走滑断裂强烈走滑时期所形成的"走滑型"花岗岩构造岩石组合,在陆内(缘)造山过程中所出现的"板片俯冲型"构造岩石组合。

　　该期侵入岩与吉林省内生矿产关系密切,绝大部分矿床周围均有燕山期中酸性侵入岩,具有多期成矿特征,但主要成矿期为燕山期,显示了滨太平洋构造域的成矿特征。有些类型矿床成矿物质以地层来源为主,而燕山期岩浆侵入活动主要提供热源(包括热液)及部分成矿物质,岩浆活动加热古大气降水,两者汇合并在流经过程中摄取围岩中成矿物质,富集成矿;另外一些火山岩型矿床成矿物质来源于中生代火山喷发作用,可见燕山期岩浆活动控制成矿。该期有些侵入体本身即为赋矿岩体,如海沟金矿赋存于二长花岗岩中,西林河银矿、百里坪银矿赋存于钾长(二长)花岗岩中,大黑山、季德屯等大型钼矿床赋存于该期中酸性岩体中,二密铜矿产于石英闪长岩、花岗斑岩中,天合兴铜矿产于石英斑岩、花岗斑岩等中。

第四节　变质岩

　　以辉发河-古洞河深大断裂为界,南北两区的变质作用、变质岩石特征截然不同。南部华北陆块区广泛发育前古元古代深变质岩;北部天山-兴蒙造山系则发育一套中元古代至古生代浅变质岩。根据吉林省内存在的几期重要地壳运动及其所产生的变质作用特征,将吉林省变质岩划分为迁西期、阜平期、五台期、兴凯期、加里东期、海西期6个主要变质作用时期。

一、迁西期、阜平期变质岩

　　太古宙变质岩原岩以中酸性、基性火山岩及其碎屑岩为主,沉积碎屑岩和超镁铁质岩次之,有着从超基性到基性再到中酸性的岩浆成分演化趋势。

1. 变质岩特征

　　(1)迁西期变质岩:主要分布于华北陆块龙岗陆核区,在通化地区最发育,延边地区有少量出露。迁西期变质作用是吉林省最早的区域热事件,发育于南部陆核区,使中太古代岩石发生变质作用,形成一套深变质岩石并伴有强烈混合岩化作用,包括原四道砬子河岩组及杨家店岩组。岩石组合主要有麻粒岩类、片麻岩类、变粒岩类、斜长角闪岩类、超镁铁质岩类,是吉林省铁、铜矿的主要赋存层位之一,主要赋存有鞍山式铁矿。桦甸杨家店小桥北头西侧中太古代斜长角闪岩9个样品的Pb-Pb全岩等时线年龄为2910Ma,桦甸老金厂-会全栈太古宙片麻岩Rb-Sr全岩等时线年龄为(2972±190)Ma(刘长安,1987),可见靖宇陆核变质年龄在2.9Ga左右。

　　(2)阜平期变质岩:阜平期变质作用发育在吉林省内南部原陆块区,使新太古界变质形成一套深变质岩,包括原老牛沟岩组、三道沟岩组所构成的新太古代绿岩带。岩石组合主要有细粒片麻岩类、细粒斜长角闪岩、磁铁石英岩、片岩类,是吉林省铁、金、铜矿的重要赋存层位之一,主要赋存有鞍山式铁矿、夹皮沟式金矿。浑江板石沟新太古代绿岩带斜长角闪岩和黑云斜长变粒岩中获 Rb-Sr 全岩等时线年龄为(2 585.23±67.27)Ma,张福顺(1982)获斜长角闪岩中锆石 U-Tb-Pb 年龄为 2.7 Ga,毕守业(1989)在板石沟李家堡子获斜长角闪岩中锆石 U-Pb 年龄为(2519±21)Ma,因此该绿岩带区域变质年龄在 2.7～2.5Ga 之间。夹皮沟新太古代绿岩带 9 颗锆石的 $^{207}Pb/^{206}Pb$ 表面年龄为 2639～2479Ma,经计算 Pb-Pb 等时线年龄为(2525±12)Ma,斜长角闪岩全岩 Rb-Sr 等时线年龄为(2766±266)Ma。上述年龄数据表明该绿岩带区域变质年龄应在 2.7～2.5Ga 之间。

2. 岩石变质作用及变形构造特征

(1)变质作用特征:区内中新太古代变质地层分别经历了角闪岩相、麻粒岩相和绿片岩相变质作用。依据岩相学、岩石化学、变质温度压力等相关数据综合分析,本区中新太古代变质作用可划分为角闪岩相进变质作用、麻粒岩期进变质作用、绿片岩相退变质作用 3 种类型,可大体判定古中太古代变质作用类型应属区域热动力变质作用。

(2)变形构造特征:中太古代杨家店岩组、四道砬子河岩组可识别出两期变形。第一期在地壳深部中—高温变质作用条件下,受区域构造运动影响,形成区域性片理;第二期变形使先期片理形成褶皱构造。新太古代绿岩带中同样可识别出两期变形。第一期片理为长英质条带 S_1,具透入性特点,一般情况置换 S_0(原始层理或面理);第二期变形改造第一期变形,致使 S_2(第二期片理)置换 S_0、S_1。

二、五台期变质岩

五台期变质作用发育在吉林省内南部,这期变质作用使古元古界变质形成一套极其复杂的变质岩石,包括集安岩群蚂蚁河岩组、荒岔沟岩组、大东岔岩组与老岭岩群新农村岩组、板房沟岩组、珍珠门岩组、花山岩组、临江岩组、大栗子岩组。

1. 变质岩特征

(1)集安岩群变质岩:区域变质岩石类型有片岩类、片麻岩类、变粒岩类、斜长角闪岩类、石英岩类、大理岩类。集安岩群下部原岩以基性火山岩、中酸性火山岩、陆源碎屑岩为主,夹少量泥质、砂质及镁质碳酸盐岩,其硼元素含量较高,局部地段富集成硼矿床,为潟湖相含硼蒸发盐、双峰火山岩建造。上部由中基性火山岩类、中—酸性火山碎屑岩、正常沉积碎屑岩和碳酸盐岩类组成,为浅海相非稳定型含碎屑岩、碳酸盐岩、基性火山岩建造。综合上述特点,集安岩群形成于活动陆缘的裂谷环境,赋存的主要矿产有金、银、铜、铅锌、硫铁、硼、石墨、滑石、石棉、云母、稀土等。蚂蚁河岩组透辉变粒岩中的锆石有两组 U-Pb 谐和年龄数据,一组是(2476±22)Ma,是太古宙锆石结晶年龄,另一组是(2108±17)Ma,代表该组锆石结晶年龄,说明蚂蚁河岩组形成晚于 2100Ma。荒岔沟岩组斜长角闪岩锆石 U-Pb 年龄为(1850±10)Ma,代表锆石封闭体系年龄;采自黑云变粒岩残留锆石 U-Pb 年龄数据不集中,谐和年龄有两组,一组是(1838±25)Ma,代表岩石变质年龄,另一组是(2144±25)Ma,是锆石结晶年龄,但主要形成于 2140～1840Ma,且在 1840Ma 左右有一次强烈变质作用。

(2)老岭岩群变质岩:区域变质岩石类型有板岩类、千枚岩类、片岩类、变粒岩类、大理岩类、石英岩类。老岭岩群原岩底部为一套碎屑岩,中部为碳酸盐岩,上部为碎屑岩夹碳酸盐岩,构成了完整的沉积旋回,为裂谷晚期滨海-浅海相碎屑岩-碳酸盐岩沉积建造,赋存的矿产主要有铁、金、铜、钴、铅锌、硫铁、磷、滑石、石棉等。采自大栗子岩组的 6 个样品,获得全岩等时线年龄约 1727Ma;采自花山岩组的 5 个样品,获得全岩等时线年龄为(1861±127)Ma;侵入临江岩组的电气石白云母伟晶岩白云母中获得 K-Ar 年龄分别为 1800Ma、1813Ma、1823Ma。综上所述,老岭岩群沉积年龄在 2000～1700Ma 之间。

2. 岩石变质作用及变形构造特征

(1) 岩石变质作用：集安岩群普遍发生高角闪岩相变质作用，局部发生低角闪岩相变质作用，$P=(2\sim5)\times10^8 Pa$，$T=500\sim700℃$，应属低压变质作用。老岭岩群变质岩系主要经受了高绿片岩相变质作用，局部（花山岩组）可达低角闪岩相变质作用。

(2) 变形构造特征：根据集安岩群中发育的面理（片理、片麻理）、线理、褶皱以及韧性变形的交切和叠加关系，推断该时代至少存在3期变形。第一期变形作用表现为透入性片麻理和长英质条带形成，为塑性剪切机制；第二期变形作用表现为长英质条带与片麻理同时发生褶皱并伴有构造置换现象，形成新的片麻理、钩状褶皱、无根褶皱等；第三期变质变形作用表现为早期形成的长英质条带与片麻理同时发生褶皱，形成新的宽缓褶皱。老岭岩群变质岩发生两期变形改造，早期变形表现为透入性片理、片麻理，晚期变形使早期片理、片麻理发生褶皱及原始层理被置换。

三、兴凯期变质岩

兴凯期变质作用主要发育在吉林省北部造山系中，变质作用使新元古代岩石变质形成一套区域变质岩石，包括青龙村岩群新东村岩组、长仁大理岩，张广才岭岩群红光岩组、新兴岩组，塔东岩群拉拉沟岩组、朱敦店岩组、机房沟岩组，五道沟岩群马滴达岩组、杨金沟岩组、香房子岩组。

1. 变质岩特征

区域变质岩石类型有板岩类、千枚岩类、变质砂岩类、片岩类、片麻岩类、变粒岩类、斜长角闪岩类、大理岩类、石英岩类。兴凯期变质岩原岩可以构成一个较完整的火山喷发旋回，下部以基性火山喷发开始，上部则以出现一套中酸性火山喷发而告终，晚期出现一套沉积岩石组合，赋存的矿产主要有铁、金、铜、钨、锰、磷等。火山岩是从拉斑系列演化到钙碱系列。青龙村岩群的黑云斜长片麻岩全岩K-Ar年龄为669.5Ma。

2. 岩石变质作用及变形构造特征

岩石变质作用：兴凯期变质作用特征属低压条件下的低角闪岩相—绿片岩相变质作用。
变形构造特征：该期可能遭受两期以上变形改造。

四、加里东期变质岩

加里东期变质作用发育在吉林省北部造山系中，该期变质作用使下古生界变质形成一套区域变质岩石，在吉林地区称呼兰岩群黄莺屯岩组、小三个顶子岩组、北岔屯岩组及头道沟岩组，四平地区为下二台岩群磐岭岩组、黄顶子岩组，下志留统石缝组、桃山组、弯月组。

岩石类型：主要有变质砂岩类、板岩类、千枚岩类、片岩类、变粒岩类、大理岩类，原岩为一套海相中酸性火山岩-碎屑沉积岩及碳酸盐岩建造，赋存的矿产主要有金、铜、银、铅锌、硫铁等。

岩石变质作用：经历了绿片岩相变质作用。

五、海西期变质岩

海西期变质作用主要发育在吉中—延边一带,该期变质作用使上古生界,尤其是二叠系发生浅变质作用。

岩石类型:主要变质岩石类型有板岩类、片岩类,原岩建造类型为浅海相碎屑岩建造,赋存的矿产主要有金、铜、银、铅锌、钼、锑、铁、萤石等。

岩石变质作用:最高达到高绿片岩相。

第五节 地质构造环境及其历史演化

一、吉林省大地构造特征及其历史演化

1. 太古宙陆核形成阶段

吉南地区位于华北板块的东北部龙岗地块中,地质演化始于太古宙。近年来研究显示原龙岗地块是由多个陆块在新太古代末期拼贴而成的,包括夹皮沟地块、白山地块、清原地块(柳河)、板石沟地块、和龙地块等。这些地块普遍形成于新太古代,并于新太古代末期拼合在一起。

表壳岩为一套基性火山-硅铁质建造,以含铁、金为特征;变质深成侵入体以石英闪长质片麻岩-英云闪长质片麻岩-奥长花岗质片麻岩、变质二长花岗岩为主。成矿以铁、金、铜为主,代表性矿床有夹皮沟金矿、老牛沟铁矿、板石沟铁矿、鸡南铁矿、官地铁矿、金城洞金矿等。

2. 古元古代陆内裂谷(坳陷)演化阶段

新太古代末期的构造拼合作用使得吉南地区形成统一的龙岗复合陆块,在古元古代早期以赤柏松岩体群侵位为标志,开始裂解形成裂谷,并伴有铜、镍矿化,形成赤柏松铜镍矿床。裂谷主体即为所谓的"辽吉裂谷带"。裂谷发育早期沉积物为一套蒸发岩-基性火山岩建造,以含铁、硼为特征,代表性矿床有集安高台沟硼矿床、清河铁矿点;裂谷发育中期沉积物为一套硬砂岩、钙质硬砂岩夹基性火山岩、碳酸盐岩建造,以含铅锌为特点,代表性矿床有正岔铅锌矿;裂谷发育晚期为一套高铝复理石建造,以含金为特点,代表性矿床有活龙盖金矿。古元古代中期裂谷闭合,伴有辽吉花岗岩侵入,完成了区域地壳的二次克拉通化。古元古代晚期已形成的克拉通地壳发生拗陷,形成坳陷盆地。其早期沉积物为一套石英砂岩建造;中期为一套富镁碳酸岩建造,以含镁、金、铅锌为特点,代表性矿床有荒沟山铅锌矿、南岔金矿、遥林滑石矿、花山镁矿等;晚期为一套页岩-石英砂岩建造,富含金、铁,代表性矿床有大横路铜钴矿、大栗子铁矿床。古元古代末期盆地闭合,见有巨斑状花岗岩侵入。

古元古代早期在延边松江地区沉积了一套变粒岩、浅粒岩、石英岩、大理岩组合,以往地质填图一般将之与吉南地区集安岩群、老岭岩群对比,因多数地质体被新生代火山岩覆盖,出露极不连续,研究程度极低。

3. 新元古代—晚古生代古亚洲构造域多幕陆缘造山阶段

新元古代—晚古生代吉南地区构造环境为稳定的克拉通盆地环境,沉积物为典型的盖层沉积。其中,新元古代地层下部为一套河流相红色复陆屑碎屑岩建造;中部为一套单陆屑碎屑岩建造夹页岩建

造,以含金、铁为特点,代表性矿床有板庙子(白山)金矿、青沟子铁矿;上部为一套台地碳酸盐岩-藻礁碳酸盐岩-礁后盆地黑色页岩建造组合。早古生代地层下部为一套红色页岩建造,红色页岩夹浅海碳酸盐岩建造,以含磷、石膏为特征,代表性矿床有东热石膏矿、水洞磷矿等;上部为台地碳酸盐岩建造,大多可作为水泥灰岩利用。晚古生代地层早期为含煤单陆屑建造,构成了浑江煤田的主体,晚期为一套河流相红色多陆屑建造。

在吉黑造山带上晚前寒武纪末期至早寒武世,吉中地区处于华北板块稳定大陆边缘的中亚-蒙古洋扩张中脊形成阶段,早寒武世在九台的机房沟、四平的下二台一带具有拉张过渡壳特征,主要形成了一套大洋底基性火山喷发,夹有碎屑岩、少量碳酸盐岩和含铁、锰沉积,构成一套完整的火山沉积旋回。

延边地区的海沟地区、万宝地区的粉砂岩与板岩及和龙白石洞地区的大理岩均见有具刺凝源类或波罗的刺球藻等化石,敦化地区的塔东岩群一般认为也可与黑龙江的张广才岭群对比,时代为新元古代晚期,塔东岩群以铁、钒、钛、磷成矿为主,代表性矿床有塔东铁矿。加里东期侵入岩以铜、镍、铂、钯成矿作用为主,代表性矿床有仁和洞铜镍矿。

晚石炭世—早二叠世地层主要为一套碳酸盐岩建造,中二叠世为一套海相陆源碎屑岩夹火山岩建造,晚二叠世—早三叠世为陆相磨拉石建造。海西早期形成两条花岗岩带:一条为和龙百里坪-敦化六棵松二叠纪花岗岩带,是一套钙碱性—碱性花岗岩组合;另一条为延吉依兰-敦化官地二叠纪花岗岩带,同样是一套钙碱性系列花岗岩。同时,可见有超铁镁岩侵入,有铬矿化,代表性矿床有龙井彩秀洞铬铁矿点。晚海西期在所谓的槽台边界构造带内形成一条东起龙井江域,经和龙长仁、海沟直至桦甸色洛河的几千米至十几千米宽的构造岩片堆叠带,带内堆叠了不同时代不同性质的构造岩片,以富含金为特点。

古亚洲多幕造山运动结束于三叠纪,其侵入岩标志为长仁-獐项镁铁—超镁铁质岩体群的就位,在区域上构造了长仁-漂河川-红旗岭镁铁质—超镁铁质岩浆岩带,以铜、镍成矿作用为主,代表性矿床有长仁铜镍矿,而同期沉积作用的标志为白水滩拉分盆地的陆相含煤碎屑岩建造。

4. 中新生代滨太平洋构造域演化阶段

晚三叠世以来,吉林省进入滨太平洋构造域的演化阶段,受太平洋板块向欧亚板块俯冲作用的影响。

在吉南地区浑江小河口、抚松小营子等地形成断陷含煤盆地,同时,在长白地区发育有长白期火山岩,在通化龙头村等地见有石英闪长岩-花岗闪长岩-二长花岗岩侵入。早侏罗世的构造活动基本延续晚三叠世的活动特征,其中主要沉积物为一套陆相含煤建造,代表性盆地有临江义和盆地、辉南杉松岗盆地等,但火山岩不发育;侵入岩为一套石英闪长岩-花岗闪长岩-二长花岗岩-白云母花岗岩组合。中侏罗世—早白垩世受太平洋板块斜向俯冲作用的影响,区内形成一系列北东向走滑拉分盆地,沉积一系列火山-陆源碎屑岩。其中中侏罗世为一套红色细碎屑岩,晚侏罗世为一套钙碱性火山岩,早白垩世为一套钙碱性—偏碱性火山岩夹陆源碎屑岩,局部夹煤(如石人盆地),与火山岩相伴出现一套岩石地球化学相当的侵入岩,局部地段见有碱性花岗岩侵入。

晚三叠世早期,在吉黑造山带上沿两江构造带形成安图两江-汪清天桥岭幔源侵入岩带,主要出露在安图两江、三岔、青林子、亮兵、汪清天桥岭等地,大致沿两江断裂带的北段呈小岩株状出露,岩性为一套碱性辉长岩、角闪正长岩、石英正长岩、碱长花岗岩组合。以铁、钒、钛、磷成矿作用为主,代表性矿床有三岔铁矿点、南土城子铁矿点。晚三叠世中晚期形成钙碱性岩系侵位,构成了和龙三合-珲春-东宁老黑山晚三叠世花岗岩带,岩性为闪长岩-石英闪长岩-花岗闪长岩-二长花岗岩组合。以金、铜、钨成矿作用为主,代表性矿床有小西南岔金铜矿、杨金沟钨矿。与此同时,伴生有大量火山喷发,形成一系列火山盆地,代表性盆地有天宝山盆地、天桥岭盆地等,两者共同构成了滨西太平洋的晚三叠世岩浆弧,与之相关的次火山具有多金属成矿作用,代表性矿床有天宝山多金属矿。

早侏罗世—中侏罗世基本上继承了晚三叠世岩浆弧的特点,但火山作用不明显,未见有火山岩及沉积岩层,而钙碱性侵入岩较发育,有两条侵入岩带:一条为和龙崇善-汪清春阳早侏罗世花岗岩带,岩性为闪长岩-石英闪长岩-花岗闪长岩-二长花岗岩-碱长花岗岩组合；另一条为大蒲柴河中侏罗世花岗岩带，岩性为花岗闪长岩-似斑状花岗岩闪长岩-二云母花岗岩组合。

晚侏罗世岩浆作用以火山喷发为主，形成一套钙碱性火山岩系（屯田营组），侵入岩仅在火山盆地周边局部发育，具有次火山岩的特点。至早白垩世随着欧亚板块的向外增生，受太平洋板块俯冲的远距离效应影响，地壳明显处于拉分作用的状态，具有向裂谷系方向演化的特点，形成一系列断陷盆地，沉积了一系列陆相含煤建造（长财组）、偏碱性火山岩建造（泉水村组）及含油建造（大拉子组），同时伴生有碱性花岗岩侵入（和龙仙景台岩体）。

晚白垩世盆地的裂谷性质已趋成熟，其中罗子沟等盆地发现有覆盖在大拉子组之上的一套安山玄武岩-流纹岩组合，具有双峰式火山岩的特点，而龙井组可能代表了该时期的类磨拉石建造。

晚侏罗世—白垩纪是吉黑造山带的一个重要成矿期，成矿以金、铜为主，矿产地众多，具代表性的有五凤金矿、刺猬沟金矿、九三沟金矿等。

新生代火山作用加剧，火山喷发物为大陆拉斑玄武岩-碱性玄武岩-粗面岩-碱流岩组合。

新生代地质体主要分布在长白山地区，为一套裂谷型大陆拉斑玄武岩-碱性玄武岩-碱流岩组合，以及少量河湖相砂砾岩夹硅藻土，另外在敦密构造带见有少量古近纪辉长岩侵入，同位素年龄在 32Ma 左右。

二、大型变形构造

吉林省自太古宙以来，经历了多次地壳运动，在各地质历史阶段都形成了一套相应的断裂系统，包括地体拼贴带、走滑断裂、大断裂、推覆-滑脱构造、韧性剪切带等。

1. 辉发河-古洞河地体拼贴带

该拼贴带横贯吉林省东南部东丰至和龙一带，两端分别进入辽宁省和朝鲜，规模巨大，它是海西晚期辽吉地块与吉林-延边古生代增生褶皱带的拼贴带。由西向东可分 3 段，即和平-山城镇段、柳树河子-大蒲柴河段、古洞河-白金段。该拼贴带两侧的岩石强烈片理化，形成剪切带，航磁异常、卫片影像反映都很明显，显示平行、密集的线性构造特征。两侧具有地质发展历史截然不同的两个大地构造单元，也反映出不同的地球物理场和不同的地球化学场。北侧是吉林-延边古生代增生褶皱带，是以海相火山岩-碎屑岩及陆源碎屑岩、碳酸盐岩为主的火山沉积岩系；南侧前寒武系广泛分布，基底为太古宙、古元古代的中深变质岩系，盖层为新元古代—古生代的稳定浅海相沉积岩系，反映出两侧具有完全不同的地壳演化历史。

2. 伊舒断裂带

该断裂带是一条地体拼接带，即为早志留世末华北板块与吉林古生代增生褶皱带拼接的产物。它位于吉林省二龙山水库—伊通—双阳—舒兰一线，呈北东向延伸，过黑龙江省依兰—佳木斯—罗北进入俄罗斯境内，在吉林省内由南东、北西两支相互平行的北东向断裂带组成，在省内长达 260km，具左行扭动性质。该断裂带两侧地质构造性质明显不同，南东侧重力高，航磁为北东向正负交替异常；西北侧重力低，航磁为稀疏负异常。两侧的地层发育特征、岩性、含矿性等截然不同。从辽北到吉林，该断裂两侧晚期断层方向明显不一致，东南侧以北东向断层为主，西北侧以北北东向断层为主。西北侧北北东向断裂与华北板块和西伯利亚板块间的缝合线展布方向一致，反映了继承古生代基底构造线特征；东南侧的北东向断裂与库拉、太平洋板块向北俯冲有关，说明在吉林省内，早古生代伊舒断裂带两侧属于性质不同的两个大地构造单元，西部属于华北板块，东部总体上为被动大陆边缘。经历了早志留世末期华北板块与吉黑古生代增生褶皱带发生对接的走滑拼贴阶段、新生代库拉-太平洋板块向亚洲大陆俯冲的活化阶段和第三纪（新近纪和古近纪）至第四纪初亚洲大陆应力场转向，伊舒断裂带接受了强烈的挤压作用，导致了断裂带两侧基底向槽地推覆并形成了外倾对冲式冲断层构造带。

3. 敦化-密山走滑断裂带

该断裂带是我国东部一条重要的走滑构造带,它对大地构造单元划分及金、有色金属的成矿具有重要的意义。经辉南、桦甸、敦化等地进入黑龙江省,在吉林省内长达360km,宽10~20km,习惯称其为辉发河断裂带。该断裂带活动时间较长,沿断裂带岩浆活动强烈,自早侏罗世形成以来,演化具明显的阶段性,可分为中生代早期左旋平移走滑阶段、侏罗纪造山阶段、晚白垩世—新生代裂谷阶段、新近纪—第四纪逆冲推覆阶段。

(1)左旋平移走滑阶段:海西晚期在辽吉地块北移定位后,在早侏罗世水平剪切应力作用下,该断裂带发生大规模左行剪切滑动,造成了辽吉地块北缘的辉发河-古洞河地体拼贴带活化,早古生代地层发生左行平移错断,在断裂带两侧形成大量牵引构造。

(2)侏罗纪造山阶段:侏罗纪晚期以后,吉林省处于欧亚板块边缘地带,亦属环太平洋构造岩浆活动带一部分。在太平洋板块向欧亚大陆板块俯冲作用的影响下,该断裂带复活,沿带出现大规模火山岩浆喷发,形成晚侏罗世到早白垩世的火山沉积作用。

(3)裂谷阶段(或称盆、岭阶段):早白垩世晚期—新生代早期在太平洋板块俯冲反弹作用影响下,该断裂带地壳处于伸展阶段,形成明显的盆岭式构造。新近纪末期,地壳收缩,裂谷回返。

(4)逆冲推覆阶段:新近纪至第四纪阶段由于太平洋板块俯冲方向由北北西转向北西西,使挤压作用增强,故这一时期断裂带出现了短暂的逆冲推覆作用,形成了两条平行的对冲逆断层,分别称为东支断裂和西支断裂,总体为外倾对冲,倾角30°~80°,沿断裂多处见有太古宙地层逆冲到中、新生代地层之上,并发育有一定规模的剪切作用。

4. 鸭绿江走滑断裂带

该断裂带是吉林省规模较大的北东向断裂带之一,由辽宁省沿鸭绿江进入吉林省集安,经安图两江至汪清天桥岭进入黑龙江省,在吉林省内长达510km,断裂带宽30~50km,纵贯辽吉地块和吉黑古生代陆缘增生褶皱带两大构造单元,对吉林省地质构造格局及贵金属、有色金属成矿均有重要意义。断裂带总体表现为压剪性,沿断面发生逆时针滑动,相对位移为10~20km。断裂切割中生代及早期侵入岩体,并控制侏罗纪、白垩纪地层的展布。

5. 韧性剪切带

吉林省的韧性剪切带广泛发育于前寒武纪古老构造带中及不同地体的拼贴带中。

(1)太古宙高级区中韧性剪切带:产于太古宙地块边部的柳河-安口镇韧性剪切带,其北西毗邻于柳河中生代盆地,分布于龙岗陆核中部的有王家店-靖宇-光华弧形韧性剪切带和大方顶子-光华-通南山韧性剪切带,与金成矿关系比较密切。

(2)新太古代绿岩带中的韧性剪切带:出露多沿绿岩带片理分布,自西向东有石棚沟韧性剪切带、老牛沟韧性剪切带、夹皮沟韧性剪切带、金城洞韧性剪切带、金城洞沟口韧性剪切带、古洞河站韧性剪切带、西沟韧性剪切带、东风站韧性剪切带,对铁、金、铜成矿具有重要控制作用。

(3)古元古代裂谷中韧性剪切带:多分布于不同岩石单元接触带上,沿珍珠门岩组与花山岩组接触带上出现一条规模巨大的韧性剪切带,这一剪切带是在上述两组地层间的同生断裂基础上发展起来的一条北东向"S"形构造带,长百余千米;松树-错草沟韧性剪切带位于白山市荒沟山铅锌矿区的珍珠门岩组和太古宙地层接触部位,走向北东,长60km,宽1~2km;银子沟-刘家趟子韧性剪切带位于珍珠门岩组与太古宙岩层接触部位,长7~8km,宽300~400m,呈南北向展布;板庙-双岔韧性剪切带位于珍珠门岩组大理岩中,长5km,宽50~100m,呈南北向展布,与金及多金属成矿关系比较密切。

(4)不同大地构造单元接合带或地体拼贴带中的韧性剪切带:如在金银别-四岔子复杂构造带中出现多条相互平行的韧性剪切带,延长几十千米,呈北西向展布,与金及多金属成矿关系比较密切。

第二章 吉林省矿床及矿产预测类型

一、铁矿床及矿产预测类型

全国铁矿床划分了 9 种矿床类型，即沉积变质型、岩浆型、沉积型、矽卡岩型、海相火山岩型、陆相火山岩型、白云鄂博型、热液型、残积型。吉林省铁矿床详细划分了 8 种矿床类型：沉积变质型、海相沉积型、内陆湖相沉积型、火山碎屑沉积型、风化淋滤型、岩浆型、矽卡岩型、热液型，以沉积变质型铁矿为主要类型。根据铁矿的成因类型及主要的铁矿资源特征，划分了 6 种矿产预测类型：鞍山式沉积变质型、塔东式沉积变质型、大栗子式沉积变质型、吉昌式矽卡岩型、临江式海相沉积型、浑江式海相沉积型，见表 2-1。

二、铬矿床及矿产预测类型

全国铬铁矿床划分了 2 种矿床类型，即岩浆型、风化型。吉林省铬铁矿床主要分布于吉中—延边地区，多为矿点，成矿时代主要为海西期，矿床类型仅为侵入岩浆型，划分 1 种矿产预测类型，即小绥河式侵入岩浆型，见表 2-1。

三、铜矿床及矿产预测类型

全国铜矿床划分了 9 种矿床类型，即斑岩型、矽卡岩型、海相火山岩型、基性—超基性岩型、海相（火山）沉积岩型、陆相火山热液型、砂岩型、玄武岩型、表生型。吉林省根据已经发现的铜矿床，详细划分了 9 种矿床类型：沉积变质型、火山岩型、基性—超基性岩浆熔离-贯入型、矽卡岩型、斑岩型、多成因复合型、热液矿型、次火山热液型、淋积型。根据铜矿的成因类型及主要的铜矿资源特征，划分了 9 种矿产预测类型：大横路式沉积变质型、红太平式火山岩型、闹枝式火山岩型、红旗岭式基性—超基性岩浆熔离-贯入型、赤柏松式基性—超基性岩浆熔离-贯入型（前人研究也称为赤柏松式铜镍硫化物型）、六道沟式矽卡岩型、小西南岔式斑岩型、二密式斑岩型、红透山式沉积变质改造型，见表 2-1。

四、铅锌矿床及矿产预测类型

全国铅锌矿床划分了 9 种矿床类型，即碳酸盐岩型、砂砾岩型、碳酸盐岩-细碎屑岩型、海相火山岩

表 2-1 吉林省重要矿床及矿产预测类型一览表

矿种	全国矿床类型	吉林省矿床类型	典型矿床	成矿时代	矿产预测类型	矿产预测方法类型	预测工作区
铁	沉积变质型	沉积变质型	桦甸市老牛沟铁矿床	新太古代	鞍山式沉积变质型	变质型	夹皮沟—溜河安口镇、海沟、金城洞—木兰屯、石棚沟—石道河子、四方山—板石沟、天合兴—那尔轰
铁			和龙市庙岭铁矿床	新太古代			
铁			白山市板石沟铁矿床	新太古代			
铁			通化县四方山铁矿床	新太古代			
铁			敦化市塔东铁矿床	新元古代	塔东式沉积变质型	变质型	塔东
铁			临江市大栗子铁矿床	古元古代	大栗子式沉积变质型	变质型	荒沟山—南岔、六道沟—八道沟
铁			通化市七道沟铁矿床	古元古代			
铁			临江市乱泥塘铁矿床	古元古代			
铁	沉积型	海相沉积型	临江市白房子铁矿床	新元古代	临江式海相沉积型	沉积型	浑江南
铁			临江市青沟铁矿床	新元古代	浑江式海相沉积型	沉积型	浑江北
铁	矽卡岩型	矽卡岩型	磐石市吉昌铁矿床	中生代	吉昌式矽卡岩型	层控内生型	头道沟—吉昌
铬	岩浆型	侵入岩体型	永吉县小绥河铬铁矿床	晚古生代	小绥河式侵入岩体型	侵入岩体型	小绥河、开山屯、头道沟
铜	海相(火山)沉积型	沉积变质型	白山市大横路铜钴矿床	古元古代	大横路式沉积变质型	变质型	荒沟山—南岔
铜	海相火山岩型	火山岩型	汪清县红太平多金属矿床	晚古生代	红太平式火山岩型	火山岩型	大梨树沟—红太平
铜	陆相火山岩型		磐石县闹枝铜金矿床	中生代	闹枝式火山岩型	火山岩型	石咀—官马
铜	基性—超基性岩浆型	基性—超基性岩浆熔离-贯入型	磐石市红旗岭铜镍矿床	中生代	红旗岭式基性—超基性岩浆熔离-贯入型	侵入岩体型	大黑山—锅盔顶子、地局子—倒木河、闹枝—棉田、刺猬沟—九三沟、壮荒沟
铜			蛟河县漂河川铜镍矿床	中生代			红旗岭
铜			和龙市长仁铜镍矿床	晚古生代			漂河川
铜			通化市赤柏松铜镍矿床	古元古代	赤柏松式基性—超基性岩浆熔离-贯入型	侵入岩体型	长仁—章项
铜	矽卡岩型	矽卡岩型	临江市六道沟铜钼矿床	中生代	六道沟式矽卡岩型	层控内生型	赤柏松—金斗
铜							兰家、万宝、大营—万良

续表 2-1

矿种	全国矿床类型	吉林省矿床类型	典型矿床	成矿时代	矿产预测类型	矿产预测方法类型	预测工作区
铜	斑岩型	斑岩型	通化县二密铜矿床	中生代	小西南岔式斑岩型	侵入岩体型	小西南岔—杨金沟、农坪—前山
				中生代	二密式斑岩型	侵入岩体型	二密—老岭沟、正岔—复兴屯
	海相(火山)沉积型	多成因复合型	靖宇县天合兴铜矿床	新太古代	红透山式沉积变质改造型	复合内生型	天合兴—那河—安口、金城洞—木兰屯
	矽卡岩型	矽卡岩型	抚松县大营铅锌矿床	中生代	万宝式矽卡岩型	层控内生型	大营—万良
			集安市郭家岭铅锌矿床	中生代	万宝式矽卡岩型	层控内生型	矿洞子—青石镇
铅锌	海相火山岩型	火山热液型	伊通县放牛沟多金属矿床	晚古生代	放牛沟式火山热液型	火山岩型	放牛沟、地局子—红太平
	碳酸盐岩型	沉积变质-热液叠加型	汪清县红太平多金属矿床	晚古生代	红太平式火山岩型	火山岩型	梨树沟—红太平
	碳酸盐岩-细碎屑岩型	沉积变质-岩浆热液改造型	集安市正岔铅锌矿床	古元古代	正岔式沉积改造型	层控内生型	正岔—复兴屯
		多成因叠加型	白山市荒沟山铅锌矿床	中生代	青城子式多成因叠加型	复合内生型	荒沟山—南岔
镍	岩浆型	基性-超基性岩浆熔离-贯入型	龙井市天宝山多金属矿床	中生代	天宝山式多金属型	侵入岩体型	天宝山
			磐石市红旗岭铜镍矿	中生代	红旗岭式基性-超基性岩浆熔离-贯入型	侵入岩体型	红旗岭、双凤山、大山咀、川连沟—二道岭子
			蛟河县漂河川铜镍矿	晚古生代	岩浆熔离-贯入型	侵入岩体型	漂河川
			和龙市长仁铜镍矿	古元古代	赤柏松式基性-超基性岩浆熔离-贯入型	侵入岩体型	六顆松
			通化县赤柏松铜镍矿	古元古代		侵入岩体型	赤柏松—金斗、大肚川—露水河
钨	沉积型	沉积变质型	白山市杉松岗铜钴矿床	古元古代	杉松岗式沉积变质型	变质型	荒沟山—南岔
	与花岗岩有关的脉状钨矿	岩浆期后热液型	珲春市杨金沟钨矿床	中生代	杨金沟式岩浆期后热液型	侵入岩体型	小西南岔—杨金沟

续表 2-1

矿种	全国矿床类型	吉林省矿床类型	典型矿床	成矿时代	矿产预测类型	矿产预测方法类型	预测工作区
钼	斑岩型	斑岩型	永吉县大黑山钼矿床	中生代	大黑山式斑岩型	侵入岩体型	前嚢落—火龙岭、西苇
			舒兰县季德屯钼矿床	中生代			季德屯—福安堡
			安图县刘生店钼矿床	中生代			刘生店—天宝山
			龙井市天宝山多金属矿床	中生代			
	热液脉型	石英脉型	敦化市大石河钼矿床	中生代	大石河式斑岩型	侵入岩体型	大石河—尔站
	矽卡岩型	矽卡岩型	靖宁县天合兴铜钼矿床	中生代	天合兴式斑岩型	侵入岩体型	天合兴
			桦甸市四方甸子铜钼矿床	中生代	四方甸子式石英脉岩型	侵入岩体型	前嚢落—火龙岭
			临江市六道沟铜钼矿床	中生代	铜山式砂卡岩型	层控内生型	六道沟—八道沟
锑	岩浆热液型	岩浆热液型	临江市青沟子锑矿床	中生代	青沟子式岩浆热液型	侵入岩体型	荒沟山—南岔、石明—官马
金	花岗岩-绿岩型	绿岩型	桦甸市夹皮沟金矿床	新太古代	夹皮沟式绿岩型	复合内生型	夹皮沟—溜河、安口镇、金城洞—木兰屯、四方山—板石、石棚沟—十道沟
			桦甸市六匹叶金矿床	中生代			
	变质碎屑岩中脉型	火山沉积-岩浆热液改造型	白山市荒沟山金矿床	中生代	荒沟山式岩浆热液改造型	层控内生型	荒沟山—南岔、六道沟—八道沟、长白—十六道沟
			通化县南岔金矿床	中生代			
			集安市西岔金银矿床	中生代	西岔式岩浆热液改造型	层控内生型	正岔—复兴屯
			集安市下活龙金矿床	中生代			古马岭—活龙
			白山市金英金矿床	中生代	金英式岩浆热液改造型	层控内生型	浑北
	变质碎屑岩中脉型	砂卡岩型变质岩型	桦甸市二道甸子金矿床	中生代	二道甸子式变质火山岩型	层控内生型	漂河川
			东辽县弯月金矿床	中生代	弯月式变质火山岩型	层控内生型	
	破碎-蚀变岩型		长春市兰家金矿床	中生代	兰家式砂卡岩型	层控内生型	兰家、山门、万宝

续表 2-1

矿种	全国矿床类型	吉林省矿床类型	典型矿床	成矿时代	矿产预测类型	矿产预测方法类型	预测工作区
金	海相火山岩型		永吉头道川金矿床	晚古生代—中生代	头道川式变质火山岩型	火山岩型	石明—官马、头道沟—吉昌
	陆相火山岩型	火山岩型	汪清县剌猬沟金矿床	中生代	剌猬沟式火山岩型	火山岩型	剌猬沟—九三沟、杜荒岭、金仓山—后底洞
			汪清县五凤金矿床	中生代			五凤
			汪清县闹枝金矿床	中生代			闹枝—棉田
			永吉县倒木河金矿床	中生代			地局子—倒木河
	火山爆破角砾岩型	火山爆破角砾岩型	梅河口市香炉碗子型金矿镇	中生代	香炉碗子式火山热液型	火山岩型	香炉碗子—山城镇
	侵入岩体内及接触带型	侵入岩浆热液型	安图县海沟金矿床	中生代	海沟式岩浆热液型	侵入岩体型	海沟
			珲春市杨金沟金铜矿床	中生代	杨金沟式岩浆热液型	侵入岩体型	农坪—前山
	斑岩型	砾岩型	永吉县小西南岔金铜矿床	中生代	小西南岔式砾岩型	沉积型	小西南岔—杨金沟
	砂金型	沉积型	黄松甸子砾岩型金矿床	新生代	黄松甸子式沉积型	沉积型	黄松甸子
			珲春河砂金矿床	新生代	珲春河式砂积型		珲春河
	热液型	热液型	四平市山门银矿床	中生代	山门式热液型	层控型	山门
银	海相火山岩型	火山热液型	磐石市民主屯银矿床	晚古生代	民主屯式火山热液型	火山岩型	民主屯
		热液改造型	集安市西岔金银矿床	中生代	西岔式热液改造型	层控型	热闹—青石
	海相火山岩型	火山岩型	汪清县红太平多金属矿床	晚古生代	红太平式火山岩型	火山岩型	梨树沟—红太平、天宝山
		岩浆热液型	抚松县西林河西林河银矿床	中生代	西林河式岩浆热液型	侵入岩体型	西林河
			和龙市百里坪银矿床	中生代	百里坪式岩浆热液型	侵入岩体型	百里坪
		构造蚀变岩型	白山市刘家堡子—狼洞沟金银矿床	中生代	刘家堡子—狼洞沟式热液充填型	层控型	上甸子—七道岔
		风化壳型	永吉县八台岭金矿床	中生代	八台岭式构造蚀变岩型	层控内生型	八台岭—孤店子
稀土	砂矿型	风化壳型	安图县东清独居石矿	新生代	东清屯式风化壳型	沉积型	西北岔
萤石	充填交代型	热液充填交代型	永吉县金家屯萤石矿床	中生代	金家屯式热液交代型	层控内生型	一拉溪
			磐石市南梨树萤石矿床	中生代	南梨树式热液充填交代型	层控内生型	明城
	热液充填型	火山热液型	九台市牛头山萤石矿床	中生代	牛头山式火山热液型	火山岩型	其塔木

续表 2-1

矿种	全国矿床类型	吉林省矿床类型	典型矿床	成矿时代	矿产预测类型	矿产预测方法类型	预测工作区
磷	沉积型	沉积型	通化市水洞磷矿床	早古生代	水洞式沉积型	沉积型	鸭园—六道江
硫铁矿	火山岩型	海相火山岩型	伊通县放牛沟多金属矿床	晚古生代	放牛沟式海相火山岩沉积型	火山岩型	放牛沟
	沉积型	湖相沉积型	桦甸市西台子硫铁矿床	新生代	西台子式湖相沉积型	沉积型	西台子
	矽卡岩型	矽卡岩型	永吉县头道沟硫铁矿床	中生代	头道沟式矽卡岩型	层控内生型	倒木河—头道沟
	沉积-变质型	海相沉积变质型	临江市荒沟山硫铁矿床	古元古代	狼山式沉积变质型	变质型	热闹—青石、上甸子—七道岔
硼	沉积变质型	沉积变质型	集安市高台沟硼矿床	古元古代	高台沟式沉积变质型	变质型	高台沟

型、陆相火山岩型、各种围岩中的脉状铅锌矿、矽卡岩型、斑岩型、风化残积型。吉林省铅锌矿按照成矿物质来源与成矿地质条件,划分了7种矿床类型:矽卡岩型、火山热液型、沉积-热液叠加型、沉积变质-岩浆热液改造型、多成因叠加型、岩浆热液型、变质热液型;划分了6种矿产预测类型:万宝式矽卡岩型、放牛沟式火山热液型、红太平式火山岩型、正岔式沉积-改造型、青城子式沉积-改造型、天宝山式多成因叠加型,见表2-1。

五、镍矿床及矿产预测类型

全国镍矿床划分了4种矿床类型,即岩浆型、沉积型、风化壳型、热液型。吉林省镍矿主要划分了2种矿床类型:基性—超基性岩浆熔离-贯入型、沉积变质型,以基性—超基性岩浆熔离-贯入型镍矿为主要类型;划分了3种矿产预测类型:红旗岭式基性—超基性岩浆熔离-贯入型、赤柏松式基性—超基性岩浆熔离-贯入型、杉松岗式沉积变质型,见表2-1。

六、钨矿床及矿产预测类型

全国钨矿床划分了7种矿床类型,即与花岗岩有关的脉状钨矿、矽卡岩-云英岩型、斑岩型、火山岩型、铁帽型、层状浸染型、砂钨矿。吉林省已发现的钨矿主要有矽卡岩型和岩浆期后热液型两种矿床类型,以岩浆期后热液型为主要矿床类型;划分了1种矿产预测类型,即杨金沟式岩浆期后热液型,见表2-1。

七、钼矿床及矿产预测类型

全国钼矿床划分了5种矿床类型,即斑岩型、矽卡岩型、热液脉型、沉积型、海相火山岩型。吉林省钼矿划分了3种矿床类型:斑岩型、矽卡岩型、石英脉型,斑岩型是吉林省钼矿床的主要矿床类型;划分了5种矿产预测类型:大黑山式斑岩型、大石河式斑岩型、天合兴式斑岩型、四方甸子式石英脉型、铜山式矽卡岩型,见表2-1。

八、锑矿床及矿产预测类型

全国锑矿床划分了4种矿床类型,即碳酸盐岩中热液型、岩浆热液型、碎屑岩地层中热液型、火山岩中热液型。吉林省锑矿主要有岩浆热液型和火山热液型两种矿床类型,以岩浆热液型为主要类型;划分了1种矿产预测类型,即青沟子式岩浆热液型,见表2-1。

九、金矿床及矿产预测类型

全国金矿床划分了11种矿床类型,即陆相火山岩型、海相火山岩型、斑岩型、侵入岩体内及接触带型、破碎-蚀变岩型、花岗岩-绿岩型、卡林型、变质碎屑岩中脉型、砂金矿型、铁帽型、土型金矿。吉林省金矿主要划分了 9 种矿床类型：绿岩型、岩浆热液改造型、火山沉积-岩浆热液改造型、矽卡岩型-破碎蚀变岩型、火山岩型、火山爆破角砾岩型、侵入岩浆热液型、砾岩型、沉积型；划分了 15 种矿产预测类型：夹皮沟式绿岩型、荒沟山式岩浆热液改造型、西岔式岩浆热液改造型、金英式热液改造型、弯月式变质火山岩型、二道甸子式变质火山岩型、头道川式变质火山岩型、兰家式矽卡岩型、刺猬沟式火山热液型、香炉碗子式火山热液型、海沟式岩浆热液型、杨金沟式岩浆热液型、小西南岔式斑岩型、黄松甸子式砾岩型、珲春河式沉积型，见表 2-1。

十、银矿床及矿产预测类型

全国银矿床划分了 7 种矿床类型，即热液型、海相火山岩型、陆相火山-次火山岩型、变质岩型、沉积岩型、风化淋积型、矽卡岩型。吉林省已经发现银矿床主要有 7 种矿床类型：热液型、火山热液型、热液改造型、火山岩型、岩浆热液型、热液充填型、构造蚀变岩型；划分了 8 种矿产预测类型：山门式热液型、民主屯式火山热液型、西岔式热液改造型、红太平式火山岩型、西林河式岩浆热液型、百里坪式岩浆热液型、刘家堡子-狼洞沟式热液充填型、八台岭式构造蚀变岩型，见表 2-1。

十一、稀土矿床及矿产预测类型

全国稀土矿床划分了 4 种矿床类型，即岩浆型（岩浆-热液型）、离子吸附型、沉积型、砂矿型。吉林省稀土矿产代表性矿床为安图县东清独居石矿，成因类型为风化壳型；划分了 1 种矿产预测类型：东清式风化壳型，见表 2-1。

十二、萤石矿床及矿产预测类型

全国萤石矿床划分了 4 种矿床类型，即沉积改造型、伴生型、充填交代型、热液充填型。吉林省萤石矿主要有 2 种矿床类型：热液充填交代型、火山热液型；划分了 3 种矿产预测类型：金家屯式热液充填交代型、南梨树式热液充填交代型、牛头山式火山热液型，见表 2-1。

十三、磷矿床及矿产预测类型

全国磷矿床划分了 4 种矿床类型，即沉积变质型、沉积型、岩浆型、鸟粪磷矿。吉林省磷矿主要有 2 种矿床类型：沉积型、沉积变质型，以沉积型磷矿为主；划分了 1 种矿产预测类型：水洞式沉积型，见表 2-1。

十四、硫矿床及矿产预测类型

全国硫铁矿床划分了 5 种矿床类型，即火山岩型、沉积型、矽卡岩型、岩浆热液型、沉积-变质型。吉林省的硫铁矿主要有 4 种矿床类型：海相火山岩型、湖相沉积型、矽卡岩型、海相沉积变质型；划分了 4 种矿产预测类型：放牛沟式海相火山岩型、西台子式湖相沉积型、头道沟式矽卡岩型、狼山式沉积变质型，见表 2-1。

十五、硼矿床及矿产预测类型

全国硼矿床划分了 6 种矿床类型，即沉积变质型、盐湖沉积型、矽卡岩型、地下卤水型、热液型、海相沉积型。吉林省含硼岩系分布局限，主要的矿床类型为沉积变质型；划分了 1 种矿产预测类型，即高台沟式沉积变质型，见表 2-1。

第三章 吉林省成矿区带划分

第一节 成矿区带划分原则

一、Ⅰ、Ⅱ、Ⅲ级成矿区带划分的原则

吉林省地处我国东北部,北与黑龙江省、南与辽宁省、西与内蒙古自治区相邻,东—东南与俄罗斯、朝鲜接壤。吉林省Ⅰ、Ⅱ、Ⅲ级成矿区带采用中国成矿区带划分方案(徐志刚等,2008),共划分了1个Ⅰ级成矿域,3个Ⅱ级成矿省,6个Ⅲ级成矿带。

二、Ⅳ、Ⅴ级成矿区带划分的原则

吉林省Ⅳ、Ⅴ级成矿区带及找矿远景区是根据吉林省地质特点,在对吉林省大地构造演化与区域矿产时空演化的关系、区域控矿因素、区域成矿特征、矿床成矿系列、区域成矿规律以及物探、化探、遥感信息特征研究的基础上进行划分的。

1. Ⅳ级成矿带具体划分原则

(1)不同级别的大地构造单元控制不同级别的成矿区带,原则上为同一个构造单元。
(2)同一成矿区带控矿因素、控矿地质条件相同或相似。
(3)区域矿产空间分布的集中性和区域成矿作用的统一性。
(4)按地质、物探、化探、遥感多信息标志综合圈定的原则。
(5)成矿区带的边界一般在地质变化最大的急变带上。
(6)同一成矿区带处在同一个Ⅲ级成矿带内。

2. Ⅴ级找矿远景区的具体划分原则

(1)处在同一个Ⅳ级成矿带内。
(2)有已知矿床或矿点、矿化点,并且矿产相对集中的区域。
(3)成矿地质条件与已知找矿远景区相同或相近。
(4)物探、化探、遥感综合异常集中分布区。

第二节　成矿区带划分结果

一、Ⅰ、Ⅱ、Ⅲ级成矿区带的划分

根据中国成矿区带划分方案,吉林省共划分了 1 个 Ⅰ 级成矿域,3 个 Ⅱ 级成矿省,6 个 Ⅲ 级成矿带。Ⅰ级成矿区带属滨太平洋成矿域(Ⅰ-4);Ⅱ级成矿区带属大兴安岭成矿省(Ⅱ-12)、吉黑成矿省(Ⅱ-13)、华北(陆块)成矿省(Ⅱ-14);Ⅲ级成矿区带属突泉-翁牛特 Pb-Zn-Fe-Sn-REE 成矿带(Ⅲ-50)、松辽盆地石油-天然气-U 成矿区(Ⅲ-51)、小兴安岭-张广才岭(造山带)Fe-Pb-Zn-Cu-Mo-W 成矿带(Ⅲ-52)、吉中-延边(活动陆缘)Mo-Au-As-Cu-Zn-Fe-Ni 成矿带(Ⅲ-55)、佳木斯-兴凯(地块)Fe-Au-P-石墨-夕线石成矿带(Ⅲ-53)、辽东(隆起)Fe-Cu-Pb-Zn-Au-U-B-菱镁矿-滑石-石墨-金刚石成矿带(Ⅲ-56)。本次研究不包括松辽盆地石油-天然气-U 成矿区(Ⅲ-51)。成矿区带划分详见表 3-1 和"吉林省重要矿产区域成矿规律图"。

二、Ⅳ、Ⅴ级成矿区带的划分

依据Ⅳ、Ⅴ级成矿区带的划分原则,在对大地构造演化与区域矿产时空演化的关系、区域控矿因素、区域成矿特征、矿床成矿系列、区域成矿规律以及物探、化探、遥感等综合信息特征研究的基础上,共划分了 13 个Ⅳ级成矿带,36 个 Ⅴ 级找矿远景区,具体划分见表 3-1。

三、Ⅲ、Ⅳ、Ⅴ级成矿区带的范围

1. 突泉-翁牛特 Pb-Zn-Fe-Sn-REE 成矿带(Ⅲ-50)

该成矿带位于吉林省西北部白城—洮南一线以西地区的大兴安岭地区(省内部分),镇西-永茂断裂以西内蒙造山带的小部分,划分了 1 个Ⅳ级成矿带,即万宝-那金 Pb-Zn-Ag-Au-Cu-Mo 成矿带(Ⅲ-50-③);1 个Ⅴ级找矿远景区,即闹牛山-偏坡营子 Au-Cu-Mo 找矿远景区(V1)。万宝-那金 Pb-Zn-Ag-Au-Cu-Mo 成矿带(Ⅲ-50-③)范围与Ⅲ级成矿带(Ⅲ-50)一致。闹牛山-偏坡营子 Au-Cu-Mo 找矿远景区(V1)位于那金-巨宝断裂以西。

2. 松辽盆地石油-天然气-U 成矿区(Ⅲ-51)

该成矿区位于吉林省西北部松辽断陷盆地,镇西-永茂断裂以东,四平-长春-德惠岩石圈断裂(郯庐断裂的北延分支断裂)以西,未划分Ⅳ、Ⅴ级成矿区带。

3. 小兴安岭-张广才岭(造山带)Fe-Pb-Zn-Cu-Mo-W 成矿带(Ⅲ-52)

该成矿带位于吉林省中部吉林造山带内,四平-长春-德惠岩石圈断裂(郯庐断裂的北延分支断裂)

表 3-1 吉林省成矿区带划分表

I	板块	II	III	IV	V	代表性矿床（点）
I-4 滨太平洋成矿域	西伯利亚板块	II-12 大兴安岭成矿省	III-50 奕泉-翁牛特 Pb-Zn-Fe-Sn-REE 成矿带	III-50-③万宝那 Pb-Zn-Ag-Au-Cu-Mb 成矿带	V1 闹牛山-偏坡营子 Au-Cu-Mb 找矿远景区	东升铜矿
			III-51 松辽盆地石油-天然气-U 成矿区			
			III-52 小兴安岭-张广才岭（造山带）Fe-Pb-Zn-Cu-Mb-W 成矿带	III-52-④兰家-上河湾 Au-Fe-Cu-Ag 成矿带	V2 兰家 Au-Fe-Cu-Ag-S 找矿远景区	兰家金矿、东风硫铁矿
					V3 八台岭-上河湾 Au-Ag-Cu-Fe 找矿远景区	八台岭银金矿、牛头山萤石矿
					V4 大绥河 Cu-Fe-Cr 萤石找矿远景区	小绥河铬铁矿、金家屯萤石矿
				III-52-⑥福安堡-塔东 Mb-Fe-W-Cu-Au-Pb-Zn-Ag 成矿带	V5 福安堡-马鹿沟 Mb-Fe-Cu-Au-Ag-Pb 多金属找矿远景区	季德屯钼矿、大石河钼矿、福安堡钼矿
					V6 塔东-额穆 Fe-Au-Cu-Ni 找矿远景区	塔东铁矿
	吉黑板块	II-13 吉黑成矿省	III-55 吉中-延边（活动陆缘）Mb-Au-As-Cu-Zn-Fe-Ni 成矿带	III-55-①山门-乐山 Ag-Au-Cu-Fe-Pb-Zn-Ni 成矿带	V7 山门 Ag-Au-Ni 找矿远景区	山门银矿、山门镍矿、大顶子多金属矿
					V8 放牛沟 Au-Cu-Pb-Zn 找矿远景区	放牛沟多金属硫铁矿、孟家沟多金属矿
				III-55-②那丹伯-一座营 Au-Mb-Ag-Pb-Zn-Cu-Ni 成矿带	V9 西苇-沙河镇 Au-Cu-Ag-Mb-Ni-Pb-Zn 找矿远景区	弯月金矿、西苇钼矿、弯月铅锌矿、青堆子萤石矿、二道岭金矿
				III-55-③山河-榆木桥子 Au-Ag-Mb-Ni-Cu-Fe-Cu-Fe-Pb-Zn-S 成矿带	V10 头道-官马 Au-Ni-Fe-Ag-Cu-萤石找矿远景区	吉昌铁矿、石咀铜矿、民主屯银矿、头道沟硫铁矿、西台子硫萤石矿、头道川金矿
					V11 大黑山 Mb-Au-Ag-Cr-Cu-Fe-Pb-Zn-S 找矿远景区	大黑山钼矿、四方甸子铜矿、倒木河铜矿、向阳铜矿、新立铜多金属矿、兴隆钼矿
				III-55-④红旗岭-漂河川 Ni-Au-Cu 成矿带	V12 红旗岭-漂河川 Ni-Au-Cu-S-Fe-Sb 找矿远景区	红旗岭铜镍矿、漂河川铜镍矿、二道子金矿、西台子硫铁矿、火龙岭钼矿床
					V13 海沟 Au-Fe-Ag-Ni 找矿远景区	海沟金矿、四岔子铁矿
				III-55-⑤海沟-红太平 Au-Fe-Cu-Pb-Zn-Ag-Mb-Ni 成矿带	V14 大蒲柴河 Au-Cu-Fe-Ag-Ni-REE 找矿远景区	刘生店钼矿、东清独居石砂矿、三岔子钼矿、官瞥沟铜钼矿、双山多金属矿
					V15 亮兵 Cu-Fe-Ag 找矿远景区	
					V16 红太平 Pb-Zn-Cu-Ag-Au-Ni 找矿远景区	红太平多金属矿

续表3-1

I	II	III	IV	V	代表性矿床(点)
I-4 滨太平洋成矿域	II-13 吉黑成矿省	Ⅲ-55 吉中-延边(活动陆缘)Mo-Au-As-Cu-Zn-Fe-Ni成矿带	Ⅲ-55-⑥五凤-百草沟 Au-Cu-Ag-Pb-Zn-Fe成矿带	V17 五凤-百草沟 Au-Cu-Ag-Pb-Zn-Fe找矿远景区	五凤金矿、刺猬沟金矿、闹枝金矿
			Ⅲ-55-⑦天宝山-开山屯 Pb-Zn-Au-Ag-Ni-Mo-Cu-Fe成矿带	V18 天宝山-开山屯 Pb-Zn-Au-Ag-Ni-Mo-Cu-Fe-Cr找矿远景区	天宝山多金属矿、天宝山东风北山钼矿、长仁铜镍矿、金合山金矿
		Ⅲ-53 佳木斯-兴凯(地块)Fe-Au-P-石墨-夕线石成矿带		V19 新华村 Pb-Zn-Ag-Fe-Mo-Au-Cu找矿远景区	
			Ⅲ-53-⑤新华村-小西南岔 Au-Cu-W-Pb-Zn-Ag-Fe-Mo-Pt-Pd成矿带	V20 九三沟-杜荒岭 Au-Cu-Ag找矿远景区	九三沟金矿、杜荒岭金矿
				V21 小西南岔-衣坪 Au-Cu-W-Pt-Pd找矿远景区	小西南岔铜金矿、杨金沟金矿、黄松甸子金矿、珲春河砂金矿、杨金沟钨矿
				V22 山城镇-安口镇 Au-Fe-Cu找矿远景区	香炉碗子金矿、鲜光金矿
				V23 辉南-抚民 Au-Fe找矿远景区	安口金矿
				V24 王家店-那尔轰 Au-Cu-Fe-Ni找矿远景区	天合兴钼矿、那尔轰铜矿、王家店金矿
	II-14 华北(陆块)成矿省	Ⅲ-56 辽东(隆起)Fe-Cu-Pb-Zn-Au-U-B菱镁矿-滑石-石墨-金刚石成矿带	Ⅲ-56-①铁岭-靖宇(次级隆起)Fe-Au-Ag-Cu-Pb-Zn成矿带	V25 夹皮沟 Au-Fe-Ni找矿远景区	夹皮沟金矿、六匹叶金矿、二道沟金矿、老牛沟铁矿
				V26 两江-金城洞 Au-Fe-Ag-Cu-Pb-Zn-Ni-Sb找矿远景区	西林河银矿、官地铁矿、金城洞金矿
				V27 百里坪 Ag-Fe-Cu-Mo找矿远景区	百里坪银矿、石人沟铁矿
				V28 二密-赤柏松 Cu-Ni-Fe找矿远景区	二密铜矿、赤柏松铜镍矿、新安铜镍矿
				V29 四方山-板石 Fe找矿远景区	四方山铁矿、板石沟铁矿
			Ⅲ-56-②营口-长白(次级隆起,Pt₁裂谷)Pb-Zn-Fe-Au-Ag-U-B-菱镁矿-滑石成矿带	V30 金厂-复兴 Au-B-Fe-Pb-Zn-Cu-Ag-S找矿远景区	正岔铅锌矿、高台沟硼矿、西岔银矿、金厂沟金矿、厂洞子铅锌、爱国铅锌矿
				V31 大安 Au-Fe-Cu-P找矿远景区	金英金矿、刘家堡子-浪洞沟银金矿、水洞磷矿
				V32 抚松 Pb-Zn找矿远景区	大营铝矿
				V33 古马岭 Au-Pb-Zn找矿远景区	古马岭金矿、下活龙金矿

续表 3-1

Ⅰ	板块	Ⅱ	Ⅲ	Ⅳ	Ⅴ	代表性矿床（点）
Ⅰ-4 滨太平洋成矿域	华北板块	Ⅱ-14 华北（陆块）成矿省	Ⅲ-56 辽东（隆起）Fe-Cu-Pb-Zn-Au-U-B菱镁矿-滑石-石墨-金刚石成矿带	Ⅲ-56-②营口-长白（次级隆起）Pb-Zn-Fe-Au-Ag-U-B-菱镁矿-滑石成矿带	V 34 南岔-荒沟山 Au-Ag-Fe-Cu-Pb-Zn-S 找矿远景区	荒沟山金矿、南岔金矿、荒沟山铅锌矿、大横路铜钴矿、大栗子铁矿、青沟铁矿、七道沟铁矿、白房子铁矿、杉松岗铜钴矿、荒沟山硫铁矿、郭家岭铅锌矿、青沟子锑矿
					V 35 六道沟 Au-Fe-Cu-Pb-Zn-W-Mo-Ni 找矿远景区	临江铜山铜钼矿、乱泥塘铁矿
					V 36 长白 Au-Cu-Fe-Mo-W 找矿远景区	

以东,敦化-密山岩石圈断裂以西,西拉木伦河断裂以北,划分了2个Ⅳ级成矿带,即兰家-上河湾 Au-Fe-Cu-Ag 成矿带(Ⅲ-52-④)、福安堡-塔东 Mo-Fe-W-Cu-Au-Pb-Zn-Ag 成矿带(Ⅲ-52-⑥);5个Ⅴ级找矿远景区,即兰家 Au-Fe-Cu-Ag-S 找矿远景区(Ⅴ2)、八台岭-上河湾 Au-Ag-Cu-Fe 找矿远景区(Ⅴ3)、大绥河 Cu-Fe-Cr-萤石找矿远景区(Ⅴ4)、福安堡-马鹿沟 Mo-Fe-Cu-Au-Ag-Pb 多金属找矿远景区(Ⅴ5)、塔东-额穆 Fe-Au-Cu-Ni 找矿远景区(Ⅴ6)。

(1)兰家-上河湾 Au-Fe-Cu-Ag 成矿带(Ⅲ-52-④):位于四平-长春-德惠岩石圈断裂(郯庐断裂的北延分支断裂)与伊通-舒兰岩石圈断裂(郯庐断裂的北延主干部分)之间的大黑山条垒内。带内包括2个Ⅴ级找矿远景区,即兰家 Au-Fe-Cu-Ag-S 找矿远景区(Ⅴ2)、八台岭-上河湾 Au-Ag-Cu-Fe 找矿远景区(Ⅴ3)。

(2)福安堡-塔东 Mo-Fe-W-Cu-Au-Pb-Zn-Ag 成矿带(Ⅲ-52-⑥):位于伊通-舒兰岩石圈断裂(郯庐断裂的北延主干部分)与敦化-密山岩石圈断裂之间。带内包括3个Ⅴ级找矿远景区,即大绥河 Cu-Fe-Cr-萤石找矿远景区(Ⅴ4)、福安堡-马鹿沟 Mo-Fe-Cu-Au-Ag-Pb 多金属找矿远景区(Ⅴ5)、塔东-额穆 Fe-Au-Cu-Ni 找矿远景区(Ⅴ6)。

4. 吉中-延边(活动陆缘)Mo-Au-As-Cu-Zn-Fe-Ni 成矿带(Ⅲ-55)

该成矿带位于吉林省中部吉林造山带、延边造山带,四平-长春-德惠岩石圈断裂(郯庐断裂的北延分支断裂)以东,珲春-春阳断裂以西,西拉木伦河断裂以南,辉发河-古洞河超岩石圈断裂以北,划分了7个Ⅳ级成矿带,即山门-乐山 Ag-Au-Cu-Fe-Pb-Zn-Ni 成矿带(Ⅲ-55-①)、那丹伯-一座营 Au-Mo-Ag-Pb-Zn-Cu-Ni 成矿带(Ⅲ-55-②)、山河-榆木桥子 Au-Ag-Mo-Ni-Cu-Fe-Pb-Zn 成矿带(Ⅲ-55-③)、红旗岭-漂河川 Ni-Au-Cu 成矿带(Ⅲ-55-④)、海沟-红太平 Au-Fe-Cu-Pb-Zn-Ag-Mo-Ni 成矿带(Ⅲ-55-⑤)、五凤-百草沟 Au-Cu-Ag-Pb-Zn-Fe 成矿带(Ⅲ-55-⑥)、天宝山-开山屯 Pb-Zn-Au-Ag-Ni-Mo-Cu-Fe 成矿带(Ⅲ-55-⑦);12个Ⅴ级找矿远景区,即山门 Ag-Au-Ni 找矿远景区(Ⅴ7)、放牛沟 Au-Cu-Pb-Zn 找矿远景区(Ⅴ8)、西苇-沙河镇 Au-Cu-Ag-Mo-Ni 找矿远景区(Ⅴ9)、头道-官马 Au-Ni-Fe-Ag-Cu-萤石找矿远景区(Ⅴ10)、大黑山-倒木河 Mo-Au-Ag-Cr-Cu-Fe-Pb-Zn-S 找矿远景区(Ⅴ11)、红旗岭-漂河川 Ni-Au-Cu-S-Fe-Sb 找矿远景区(Ⅴ12)、海沟 Au-Cu-Ag-Ni 找矿远景区(Ⅴ13)、大蒲柴河 Au-Cu-Fe-Ag-Ni-稀土找矿远景区(Ⅴ14)、亮兵 Cu-Fe-Ag 找矿远景区(Ⅴ15)、红太平 Pb-Zn-Cu-Au-Ag-Ni 找矿远景区(Ⅴ16)、五凤-百草沟 Au-Cu-Ag-Pb-Zn-Fe 找矿远景区(Ⅴ17)、天宝山-开山屯 Pb-Zn-Au-Ag-Ni-Mo-Cu-Fe-Cr 找矿远景区(Ⅴ18)。

(1)山门-乐山 Ag-Au-Cu-Fe-Pb-Zn-Ni 成矿带(Ⅲ-55-①):位于西拉木伦河断裂以南,四平-长春-德惠岩石圈断裂(郯庐断裂的北延分支断裂)与伊通-舒兰岩石圈断裂(郯庐断裂的北延主干部分)之间的大黑山条垒内。带内包括2个Ⅴ级找矿远景区,即山门 Ag-Au-Ni 找矿远景区(Ⅴ7)、放牛沟 Au-Cu-Pb-Zn 找矿远景区(Ⅴ8)。

(2)那丹伯-一座营 Au-Mo-Ag-Pb-Zn-Cu-Ni 成矿带(Ⅲ-55-②):位于伊通-舒兰岩石圈断裂(郯庐断裂的北延主干部分)以南,辉南-伊通断裂带以西,辉发河-古洞河超岩石圈断裂以北。带内划分了1个Ⅴ级找矿远景区,即西苇-沙河镇 Au-Cu-Ag-Mo-Ni-Pb-Zn 找矿远景区(Ⅴ9)。

(3)山河-榆木桥子 Au-Ag-Mo-Ni-Cu-Fe-Pb-Zn 成矿带(Ⅲ-55-③):位于西拉木伦河断裂以南,伊通-舒兰岩石圈断裂及辉南-伊通断裂以东,敦化-密山岩石圈断裂以北。带内划分了2个Ⅴ级找矿远景区,即头道-官马 Au-Ni-Fe-Ag-Cu-萤石找矿远景区(Ⅴ10)、大黑山-倒木河 Mo-Au-Ag-Cr-Cu-Fe-Pb-Zn-S 找矿远景区(Ⅴ11)。

(4)红旗岭-漂河川 Ni-Au-Cu 成矿带(Ⅲ-55-④):位于敦化-密山岩石圈断裂以北断裂带附近。带内划分了1个Ⅴ级找矿远景区,即红旗岭-漂河川 Ni-Au-Cu-S-Fe-Sb 找矿远景区(Ⅴ12)。

(5)海沟-红太平 Au-Fe-Cu-Pb-Zn-Ag-Mo-Ni 成矿带(Ⅲ-55-⑤):位于敦化-密山岩石圈

断裂以东,辉发河-古洞河超岩圈断裂以北,松江-安图-天桥岭断裂及珲春-春阳断裂以西。带内划分了4个Ⅴ级找矿远景区,即海沟 Au-Fe-Ag-Ni 找矿远景区(Ⅴ13)、大蒲柴河 Au-Cu-Fe-Ag-Ni-稀土找矿远景区(Ⅴ14)、亮兵 Cu-Fe-Ag 找矿远景区(Ⅴ15)、红太平 Pb-Zn-Cu-Au-Ag-Ni 找矿远景区(Ⅴ16)。

(6)五凤-百草沟 Au-Cu-Ag-Pb-Zn-Fe 成矿带(Ⅲ-55-⑥):位于松江-安图-天桥岭断裂以东,新合-延吉断裂以北和以西。带内划分了1个Ⅴ级找矿远景区,即五凤-百草沟 Au-Cu-Ag-Pb-Zn-Fe 找矿远景区(Ⅴ17)。

(7)天宝山-开山屯 Pb-Zn-Au-Ag-Ni-Mo-Cu-Fe 成矿带(Ⅲ-55-⑦):位于松江-安图-天桥岭断裂、辉发河-古洞河超岩圈断裂、新合-延吉断裂之间。带内划分了1个Ⅴ级找矿远景区,即天宝山-开山屯 Pb-Zn-Au-Ag-Ni-Mo-Cu-Fe-Cr 找矿远景区(Ⅴ18)。

5. 佳木斯-兴凯(地块)Fe-Au-P-石墨-夕线石成矿带(Ⅲ-53)

该成矿带位于吉林省东部延边造山带内珲春-春阳断裂以东地区(省内部分),划分了1个Ⅳ级成矿带,即新华村-小西南岔 Au-Cu-W-Pb-Zn-Ag-Fe-Mo-Pt-Pd 成矿带(Ⅲ-53-⑤);3个Ⅴ级找矿远景区,即新华村 Pb-Zn-Ag-Fe-Mo-Au-Cu 找矿远景区(Ⅴ19)、九三沟-杜荒岭 Au-Cu-Ag 找矿远景区(Ⅴ20)、小西南岔-农坪 Au-Cu-W-Pt-Pd 找矿远景区(Ⅴ21)。

6. 辽东(隆起)Fe-Cu-Pb-Zn-Au-U-B-菱镁矿-滑石-石墨-金刚石成矿带(Ⅲ-56)

该成矿带位于华北陆块北缘、龙岗复合陆块内,辉发河-古洞河超岩圈断裂以南,划分了2个Ⅳ级成矿带,即铁岭-靖宇(次级隆起)Fe-Au-Ag-Cu-Pb-Zn 成矿带(Ⅲ-56-①)、营口-长白(次级隆起、Pt_1裂谷)Pb-Zn-Fe-Au-Ag-U-B-菱镁矿-滑石成矿带(Ⅲ-56-②);15个Ⅴ级找矿远景区,即山城镇-安口镇 Au-Fe-Cu 找矿远景区(Ⅴ22)、辉南-抚民 Au-Fe 找矿远景区(Ⅴ23)、王家店-那尔轰 Au-Cu-Fe-Ni 找矿远景区(Ⅴ24)、夹皮沟 Au-Fe-Ni 找矿远景区(Ⅴ25)、两江-金城洞 Au-Fe-Ag-Cu-Pb-Zn-Ni-Sb 找矿远景区(Ⅴ26)、百里坪 Ag-Fe-Cu-Mo 找矿远景区(Ⅴ27)、二密-赤柏松 Cu-Ni-Fe 找矿远景区(Ⅴ28)、四方山-板石 Fe 找矿远景区(Ⅴ29)、金厂-复兴 Au-B-Fe-Pb-Zn-Cu-Ag-S 找矿远景区(Ⅴ30)、大安 Au-Fe-Cu-P 找矿远景区(Ⅴ31)、抚松 Pb-Zn 找矿远景区(Ⅴ32)、古马岭 Au-Pb-Zn 找矿远景区(Ⅴ33)、南岔-荒沟山 Au-Ag-Fe-Cu-Pb-Zn-S 找矿远景区(Ⅴ34)、六道沟 Au-Fe-Cu-Pb-Zn-W-Mo-Ni 找矿远景区(Ⅴ35)、长白 Au-Cu-Fe-Mo-W 找矿远景区(Ⅴ36)。

(1)铁岭-靖宇(次级隆起)Fe-Au-Ag-Cu-Pb-Zn 成矿带(Ⅲ-56-①):位于辉发河-古洞河超岩石圈断裂以南,四方山-板石断裂以北。带内划分了8个Ⅴ级找矿远景区,即山城镇-安口镇 Au-Fe-Cu 找矿远景区(Ⅴ22)、辉南-抚民 Au-Fe 找矿远景区(Ⅴ23)、王家店-那尔轰 Au-Cu-Fe-Ni 找矿远景区(Ⅴ24)、夹皮沟 Au-Fe-Ni 找矿远景区(Ⅴ25)、两江-金城洞 Au-Fe-Ag-Cu-Pb-Zn-Ni-Sb 找矿远景区(Ⅴ26)、百里坪 Ag-Fe-Cu-Mo 找矿远景区(Ⅴ27)、二密-赤柏松 Cu-Ni-Fe 找矿远景区(Ⅴ28)、四方山-板石 Fe 找矿远景区(Ⅴ29)。

(2)营口-长白(次级隆起、Pt_1裂谷)Pb-Zn-Fe-Au-Ag-U-B-菱镁矿-滑石成矿带(Ⅲ-56-②):位于四方山-板石断裂以南,辽吉元古宙裂谷营口-宽甸隆起内。带内划分了7个Ⅴ级找矿远景区,即金厂-复兴 Au-B-Fe-Pb-Zn-Cu-Ag-S 找矿远景区(Ⅴ30)、大安 Au-Fe-Cu-P 找矿远景区(Ⅴ31)、抚松 Pb-Zn 找矿远景区(Ⅴ32)、古马岭 Au-Pb-Zn 找矿远景区(Ⅴ33)、南岔-荒沟山 Au-Ag-Fe-Cu-Pb-Zn-S 找矿远景区(Ⅴ34)、六道沟 Au-Fe-Cu-Pb-Zn-W-Mo-Ni 找矿远景区(Ⅴ35)、长白 Au-Cu-Fe-Mo-W 找矿远景区(Ⅴ36)。

第四章 吉林省成矿区带成矿特征及演化

第一节 突泉-翁牛特 Pb-Zn-Fe-Sn-REE 成矿带

地质构造背景演化及成矿特征

（一）成矿地质构造环境及其演化

该成矿带位于大兴安岭成矿省南缘,分属两个不同的大地构造单元,以野马吐岩石圈断裂为界,西部为太平洋陆缘活动带乌兰浩特构造岩浆隆起区万红盆地,东部为华北板块白城晚古生代残余海槽,与大兴安岭成矿带同处于华北板块和西伯利亚板块结合带的褶皱增生带（古生代和中生代复合造山带）部位。构造演化经历了古亚洲洋、蒙古-鄂霍茨克海的闭合以及华北板块与西伯利亚板块的最终拼贴等过程,3 次构造旋回促成本区发育内生金属矿产资源（铜、钼、铅锌、镍、金、银等）,成矿具有明显的多阶段性。

该成矿带内洮南西部地区划分了 1 个Ⅳ级成矿带,即万宝-那金 Pb-Zn-Ag-Au-Cu-Mo 成矿带（Ⅲ-50-③）;1 个Ⅴ级找矿远景区,即闹牛山-偏坡营子 Au-Cu-Mo 找矿远景区（Ⅴ1）。

该区整体地质调查工作程度较低。化探工作为空白,基础地质调查仅局部开展,区域成矿作用、控矿因素方面研究程度偏低,缺少宏观联系和总结,没有建立起系统的区域（带）地质构造演化与成矿模式,在一定程度上影响了矿产勘查工作部署和地质找矿成果。

（二）成矿特征

1. 成矿地质条件

在白城晚古生代残余海造山带内,主要为二叠系的一套正常陆源碎屑岩-凝灰质砂岩沉积建造,其中夹有少量中（酸）性火山碎屑岩、灰岩建造,岩性自下而上主要为黑色板岩,局部为砂岩、砾岩和透镜状灰岩,向上过渡为粉砂岩、粉砂质板岩及泥板岩。在该套建造中 Cu、Pb、Zn、Ag 等成矿元素含量高出地壳克拉克值几倍至几十倍,是本区重要的含矿建造层位。万红盆地内主要为侏罗系的一套陆源碎屑夹薄层煤、火山碎屑岩及熔岩建造。

区内岩浆岩分布广泛,主要形成于燕山期,部分形成于海西晚期。燕山早期侵入岩为中性岩类、偏中性的酸性岩类、中酸性及酸性脉岩类。海西晚期侵入岩为超基性岩、中酸性花岗岩及酸性脉岩类。

区内构造活动强烈,构造样式各异,自东向西划分为野马吐隆起、万宝坳陷区,主要构造为褶皱构造及断裂构造。区内的北西向、南北向及北东向断裂构造为主要控矿构造,北西向断裂是本区的重要控矿构造之一,区内已知铁、铜等矿床与矿点多呈北西向带状展布延伸,且多分布于北西向断裂带的两侧。两组或两组以上断裂复合部位是控制本区矿床形成的最重要控矿形式,在多组断裂交会复合部位,经常伴有花岗(斑)岩的贯入,形成一系列铜、铁、铅等矿点或矿床。

2. 矿床类型及时空分布特征

区内的矿床(点)主要为热液型,矿产类型主要有铜、钼、铅锌、镍、金、银等,主要赋存在二叠系的一套正常陆源碎屑岩-凝灰质砂岩沉积建造中。已知的有莲花山铜银矿床、长春岭多金属矿床、洮南县东升铜矿点、洮安县巨宝乡马厂铜矿点、洮南县王粉房镍矿点等众多的矿床、矿点、矿化点,其中洮南县王粉房镍矿点产于海西晚期超基性侵入岩中。

3. 成矿系列及矿床式划分

通过对以往成矿系列划分成果的研究,结合本次矿产资源潜力评价的研究,对该成矿带成矿系列进行了初步的厘定,划分了1个成矿系列类型,2个成矿系列,2个矿床式。

第二节　小兴安岭-张广才岭(造山带)Fe-Pb-Zn-Cu-Mo-W成矿带

一、地质构造背景演化及成矿特征

(一)成矿地质构造环境及其演化

该成矿带位于吉黑成矿省张广才岭南缘吉黑造山带、吉林省中部吉林造山带北部,分属两个性质不同的大地构造单元,以伊通-舒兰岩石圈断裂为界,西部属于华北板块,东部总体上为被动大陆边缘。该区经历了新元古代—晚古生代(截止到晚三叠世)古亚洲构造域多幕造山阶段、新生代库拉-太平洋板块向亚洲大陆俯冲的活化阶段,前中生代归属为内蒙-大兴安岭岩石圈板块,早古生代为华北地块的活动性陆缘即拉张型过渡壳,中生代隆起发展为新陆壳。

元古宙末,该区处于华北板块稳定大陆边缘的中亚-蒙古洋扩张中脊形成阶段,普遍发育基性火山喷发,形成的塔东岩群基性火山-碳酸盐岩-硅质铁锰建造,为铁(锰)矿富集层位,以铁、钒、钛、磷成矿为主,代表性矿床为塔东铁矿。古生代吉林—延边为广海沉积,形成广泛的拉张过渡型地壳;早期(寒武纪)在九台的机房沟主要形成了一套大洋底基性火山喷发,夹有碎屑岩、少量碳酸盐岩和含铁、锰沉积,构成一套完整的火山沉积旋回;中—晚期(奥陶纪—志留纪)来自区域西北方向的强大挤压力,使上河湾—放牛沟一带形成活动陆缘前缘—岛弧环境,大规模中酸性火山作用,在碳酸盐相形成喷气型多金属(铅、锌、铜、铁、硫、金、银、镓)硫化物矿床,经后期花岗岩热液叠加形成多金属矿床;下古生界褶皱基底上发育起来的晚古生代海域,沉积范围明显缩小,形成陆间海构造环境,沉降作用强度和深度显著减弱,形成火山-类复理石式-类磨拉石建造,晚期沿断裂侵入的超基性侵入岩形成小规模铬铁矿。中生代以来在环太平洋陆缘岩浆带控制之下,火山岩浆活动强烈,形成了大面积的中酸性侵入岩,以及沿构造破碎带多次侵入的复式岩体或脉体相有关的斑岩型、热液型矿床。该成矿带区域成矿模式见图4-1。

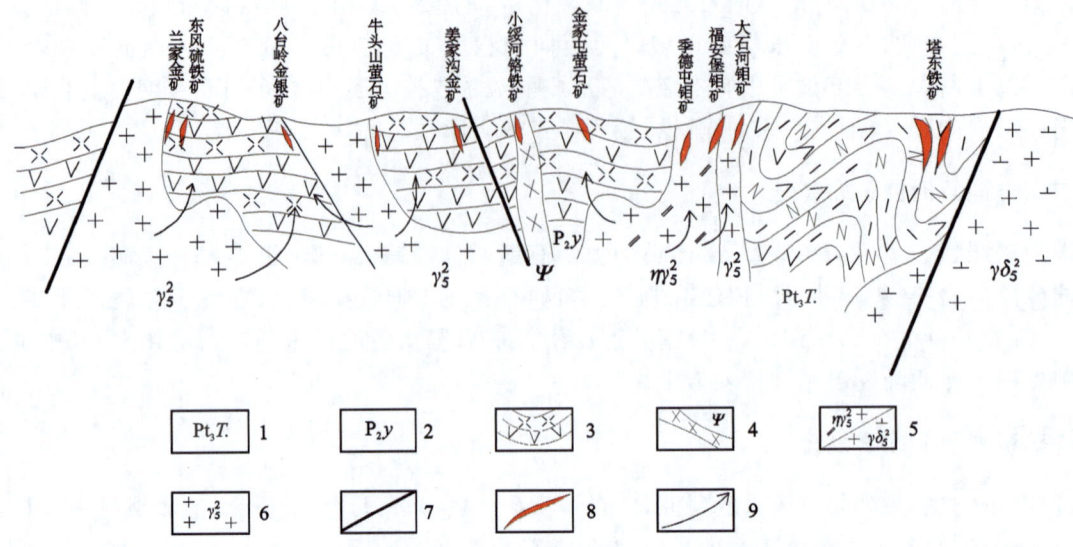

图 4-1 小兴安岭-张广才岭成矿带（Ⅲ-52）区域成矿模式图

1.新元古界塔东岩群；2.晚古生代—拉溪组火山-碎屑-碳酸盐岩沉积建造；3.中生代中酸性火山-沉积建造；
4.海西期超基性岩；5.燕山期二长花岗岩-花岗闪长岩；6.燕山期花岗岩类；7.深大断裂；8.矿体；9.成矿物
质、热液运移方向

（二）成矿特征

1. 矿床类型及时空分布特征

区内已知的矿产主要有铁、金、银、铜、钼、铅锌、铬、硫铁、萤石、磷、煤等。矿床（点）类型主要为沉积变质型、斑岩型、侵入岩浆型、岩浆热液改造型、火山热液型、热液充填型等。众多的矿床、矿点主要分布在大黑山条垒北段及张广才岭南缘中生代岩浆岩带内，大多分布在海西晚期、印支期、燕山期花岗岩侵入岩体内或其周围，裂陷边缘的次一级北东—东西向断裂是区内主要的控岩控矿构造。成矿时代主要为新元古代和中生代。

2. 成矿系列及矿床式划分

通过对以往成矿系列划分成果的研究，结合本次矿产资源潜力评价的研究，对该成矿带成矿系列进行了初步的厘定，划分了1个成矿系列类型，4个成矿系列，8个矿床式。

二、Ⅳ级成矿带成矿特征

（一）兰家-上河湾 Au-Fe-Cu-Ag 成矿带（Ⅲ-52-④）

1. 成矿地质条件及成矿特征

该成矿带位于松辽断陷与伊舒断裂之间的大黑山条垒北段，西南起长春兰家，北东至榆树市大岭，呈北东向带状展布，划分了2个Ⅴ级找矿远景区。

1) 兰家 Au-Fe-Cu-Ag-S 找矿远景区(V2)

(1)地质特征:区域主要含矿建造为二叠系范家屯组碎屑岩及晚三叠世石英闪长岩,矿产受范家屯组层控明显,后者为其提供了热源和矿源,在两者接触带附近形成矽卡岩型矿床。区内与矿产有关的构造主要为北西向兰家倒转向斜以及北西向、北东向次级断裂构造,是主要的控矿和容矿构造。区内侵入岩发育,具有多期多阶段性,有中二叠世橄榄岩、晚二叠世闪长岩、晚三叠世石英闪长岩、中侏罗世花岗闪长岩与二长花岗岩,早正长花岗岩与正长岩,脉岩有花岗斑岩。

(2)矿产特征:中型金矿1处,金矿点7处;小型铜矿1处,铜矿点3处;铁矿点2处,其中代表性的矿床为长春市兰家金矿床。

2) 八台岭-上河湾 Au-Ag-Cu-Fe 找矿远景区(V3)

(1)地质特征:出露的地层有新元古界机房沟岩组含铁变质岩系,以片岩夹大理岩和磁铁矿扁豆体为特征,原岩为一套中酸性火山岩夹钙泥质或泥质粉砂岩和含铁或铁质泥硅质岩及碳酸盐岩,该层位内赋存有塔东式铁矿。主要有中二叠统哲斯组、范家屯组浅海相陆源碎屑岩及火山碎屑岩;上二叠统林西组、杨家沟组粉砂质板岩、泥质板岩夹细砂岩;下三叠统卢家屯组碎屑岩夹泥灰岩透镜体和薄煤层;下三叠统四合屯组火山碎屑岩建造;下白垩统沙河子组、登楼库组、泉头组碎屑岩建造,营城组火山-碎屑岩建造;新生界古新统缸窑组、棒槌沟组、舒兰组等含煤岩系。区域北东向伊通-舒兰断裂带及分支断裂为主要的导岩(矿)构造,其两侧与之有成因联系的次一级北东向断裂为储岩(矿)构造,断裂的交会部位为成矿有利部位。区内海西期、燕山期中酸性侵入岩发育,具有多期多阶段性,主要有中二叠世橄榄岩、晚二叠世闪长岩、晚三叠世石英闪长岩、早侏罗世闪长岩、二长花岗岩;中侏罗世花岗闪长岩、二长花岗岩、碱长花岗岩;晚侏罗世二长花岗岩;早白垩世花岗斑岩。脉岩有闪长玢岩、辉绿玢岩、石英脉。燕山期侵入岩与成矿关系密切,侵入岩体与地层的接触带是成矿有利部位。

(2)矿产特征:区内已发现矿化点、矿点、矿床多处,主要分布在岩体与地层(范家屯组、杨家沟组)接触带或岩体内、地层内构造裂隙控制热液充填型脉状矿化体。有小型金矿床2处,金矿点2处,小型萤石矿床1处,其中代表性的矿床为永吉县八台岭银金矿床。

该成矿带地质及矿产特征见图4-2。

2. 成矿作用及其演化

该成矿带以新元古代和中生代成矿为主,该区分布的矿床(铁矿例外)大都是燕山期定位的,成矿与燕山期构造岩浆热液作用有密切关系。

(1)新元古代海底火山喷发-沉积作用:喷发物质主要为基性凝灰质及磁铁矿碎屑,形成含矿(Fe)岩系,局部地段形成矿体,因海水中溶解有较多的硫、磷,形成大量的细粒黄铁矿,并伴生磷;由于构造运动发生区域变质,变质程度达绿片岩-角闪岩相。基性火山喷发物质发生重结晶形成斜长角闪岩,局部磁铁矿、黄铁矿发生重结晶颗粒变大,形成局部磁体矿富矿段或矿体和黄铁矿局部富集现象。区域上海西期花岗质岩浆侵入作用使含矿岩系遭受改造,花岗质岩浆侵入吞噬原来的含矿建造,使其支离破碎。残浆的气水热液沿层间裂隙或片麻理等渗透交代生成硅化、绢云母化热液蚀变,并生成以黄铁矿为主、次有黄铜矿等金属硫化物。由于气液改造,原来磁铁矿、黄铁矿发生改造形成细脉状黄铁矿和磁铁矿,形成塔东式沉积变质型铁矿。

(2)表生成矿作用:由于构造运动矿体出露地表,在物理和化学风化作用下,黄铁矿等金属硫化物风化形成褐铁矿等。海西晚期—燕山期中酸性侵入岩的岩浆期后热液,与地层(范家屯组)接触带附近产生交代形成矽卡岩,则转入矽卡岩热液阶段,溶液开始表现为碱性环境,并有赤铁矿等矿物析出,而后慢慢向酸性过渡,出现了少量贫硫的自然金属及硫化物,这是金的主要沉淀时期,故金矿体多叠加于过渡带位置,矽卡岩形成之后还有晚期热液,硫化物金矿化阶段自然金与相伴的矿物沿地层内构造裂隙充填交代,一部分叠加在矽卡岩上,另一部分远离接触带形成单独的中温热液充填型脉状矿体。

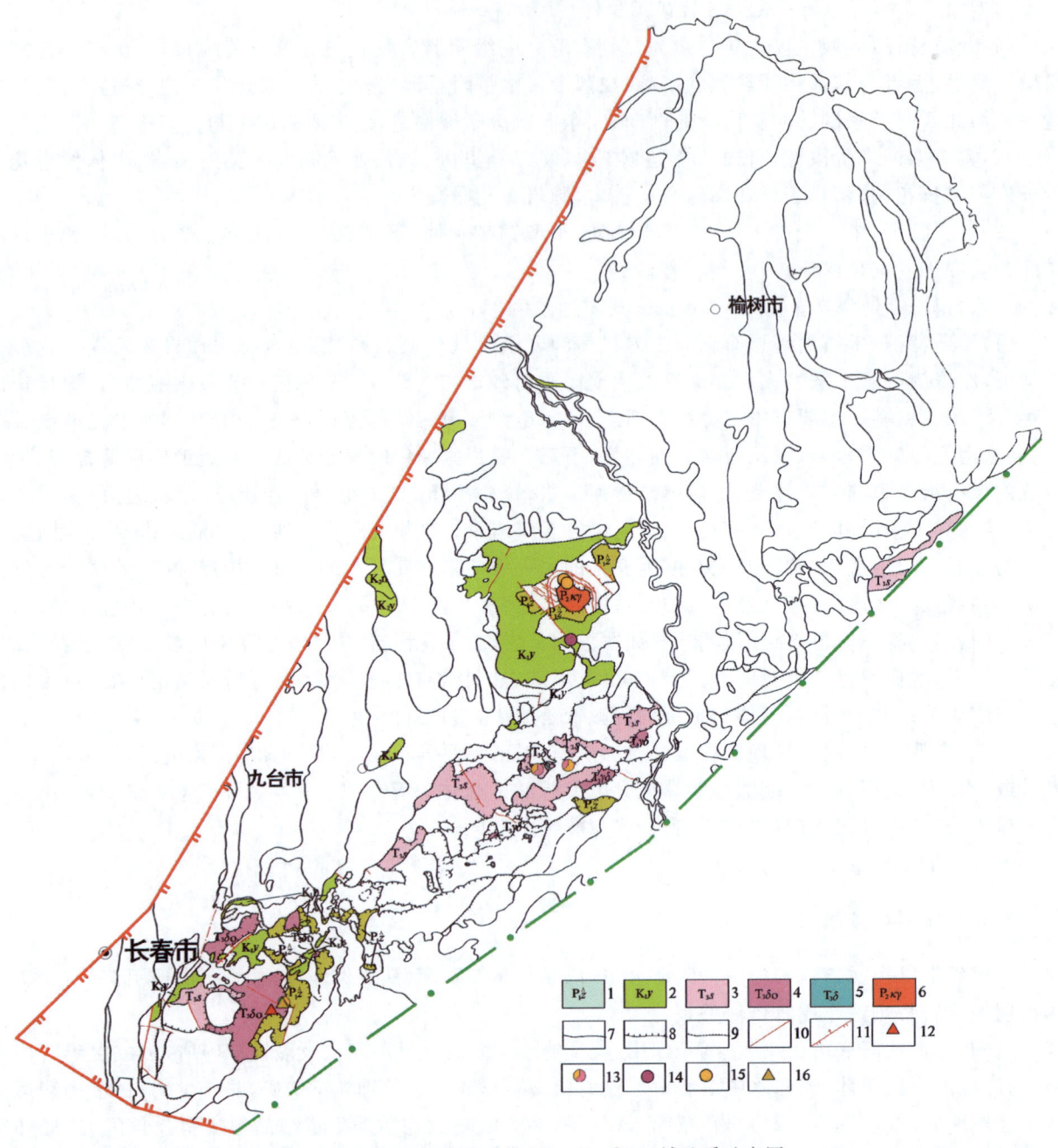

图 4-2 兰家-上河湾成矿带(Ⅲ-52-④)区域地质矿产图

1.哲斯组;2.营城组;3.四合屯组;4.晚三叠世石英闪长岩;5.晚三叠世闪长岩;6.晚二叠世碱性花岗岩;7.地质界线;8.超动接触界线;9.角度不整合界线;10.断层;11.逆断层倾向及倾角;12.铁矿;13.金银矿;14.萤石矿;15.金矿;16.硫铁矿

(二)福安堡-塔东 Mo-Fe-W-Cu-Au-Pb-Zn-Ag 成矿带(Ⅲ-52-⑥)

1. 成矿地质条件及成矿特征

该成矿带位于张广才岭南缘伊通-舒兰岩石圈断裂与敦化-密山岩石圈断裂之间,西南起永吉—拉溪,东至敦化塔东,呈北东向带状展布,划分了 3 个 V 级找矿远景区。

1) 大绥河 Cu-Fe-Cr-萤石找矿远景区（V4）

（1）地质特征：区内出露有下古生界下志留统—下泥盆统西别河组碎屑岩夹灰岩透镜体；上古生界中二叠统大河深组火山岩-火山碎屑岩、范家屯组浅海相陆源碎岩及火山碎屑岩；上二叠统杨家沟组粉砂质板岩、泥质板岩夹细砂岩；中生界上三叠统四合屯组安山质火山碎屑岩、角砾岩、集块岩；下侏罗统玉兴屯组火山-碎屑岩；下侏罗统南楼山组火山-碎屑岩。区内以东西—北东东向断裂构造为主，近南北向次之。区内侵入岩有晚泥盆世超基性岩，岩性为橄榄岩、含辉橄榄岩，岩石呈黑绿色、暗绿色，具蛇纹石化，为区内铬铁矿的主要赋矿岩体；中—晚侏罗世花岗闪长岩、二长花岗岩与早白垩世花岗斑岩，为区内的主要控矿岩体。

（2）矿产特征：区内已发现矿化点、矿点、矿床，主要分布在岩体与地层接触带或岩体、地层内，构造裂隙控制热液充填型脉状矿化体。有小型萤石矿床1处，铬铁矿点1处，铜矿点1处，代表性的矿床为永吉县小绥河铬铁矿床、永吉县金家屯萤石矿床。

2) 福安堡-马鹿沟 Mo-Fe-Cu-Au-Ag-Pb 多金属找矿远景区（V5）

（1）地质特征：位于南楼山-辽源中生代火山盆地群、吉林中东部火山岩浆段的叠合部位。出露有新元古界新兴岩组片岩及大理岩、机房沟岩组变质砂岩和黑云片岩、变粒岩变质建造，塔东岩群拉拉沟岩组和朱墩店岩组为以构造片呈孤岛状残存于花岗岩中的一套含铁变质岩系，主要岩性为片麻岩、片岩、角闪岩、大理岩及磁铁角闪岩；中生界白垩系泉头组、嫩江组；新生界第三系棒槌沟组、舒兰组、荒山组及老爷岭组、军舰山组玄武岩。区内的断裂构造很发育，也较为复杂，主要为北东向，北西向次之，其中以北东向大型断裂最为发育，是区内钼矿最重要的控矿构造和容矿构造。区内侵入岩具有多期多阶段性，主要有海西期早石炭世二长花岗岩；印支期中三叠世白云母二长花岗岩、花岗闪长岩、石英闪长岩；燕山期早—中侏罗世辉长岩、石英闪长岩、花岗闪长岩、二长花岗岩、碱长花岗岩，晚侏罗世二长花岗岩、正长花岗岩，早白垩世花岗斑岩。区内钼及多金属矿床（点）与燕山期侵入岩浆密切相关。脉岩有花岗细晶岩、花岗斑岩、流纹斑岩、石英脉。

（2）矿产特征：区内已发现矿化点、矿点、矿床多处，以斑岩型钼矿为主，产于燕山期侵入岩体内，主要有舒兰市福安堡钼矿床、舒兰市季德屯钼矿床、敦化市大石河钼矿床，另有产于地层内构造裂隙控制的热液型萤石矿床。有大型钼矿床2处，小型钼矿床1处，萤石矿点1处及其他众多的铜、铅、锌、金等，矿点、矿化点大多分布在印支期、燕山期花岗岩小岩株内或其周围。

3) 塔东-额穆 Fe-Au-Cu-Ni 找矿远景区（V6）

（1）地质特征：位于机房沟-塔东-杨木桥子岛弧盆地带内。区内出露的地层主要为新元古界塔东岩群，是以构造片呈孤岛状残存于花岗岩中的一套含铁变质岩系，包括拉拉沟岩组和朱墩店岩组。拉拉沟岩组为浅粒岩-黑云变粒岩-磁铁石英岩变质建造，原岩为基性火山岩-火山碎屑岩-碎屑岩，为塔东式沉积变质型铁矿的主要含矿层位；朱墩店岩组为石英岩-云母片岩-大理岩（斜长角闪岩）变质建造，原岩为泥砂质沉积岩-基性火山岩。此外，此区还出露上古生界中二叠统大河深组火山岩-火山碎屑岩、范家屯组浅海相陆源碎岩及火山碎屑岩，上二叠统杨家沟组粉砂质板岩、泥质板岩夹细砂岩。该区为多向构造体系的复合处，构造较为复杂，主要有近南北向、北东向、北西向、近东西向。近南北向断裂构造发育时间早，控制塔东岩群变质岩系的形成和分布及脉岩的展布。近南北向挤压带比较发育，沿该断裂带有热液活动现象，形成黄铁矿化、硅化、绢云母化等蚀变，其不仅控制了本区铁磷矿床的形成，而且控制了混合岩及热液型黄铁矿的形成。区内岩浆活动多期频繁，侵入岩分布广泛，主要有海西晚期黑云斜长花岗岩、闪长细晶岩、辉石闪长岩及燕山期钾长花岗岩。脉岩多为近南北向，有角闪石岩、煌斑岩、闪长玢岩、花岗闪长岩。

（2）矿产特征：区内已发现矿化点、矿点、矿床多处，以沉积变质型铁矿为主，受塔东岩群变质岩系的控制，代表性的矿床为敦化市塔东大型铁矿床；另有产于燕山期侵入岩体内或其周围的其他众多的铜、铅、锌、钼等矿点及矿化点。

2. 成矿作用及其演化

该成矿带以新元古代和中生代成矿为主,该区分布的多数矿床(铁矿例外)大都是燕山期定位的,成矿与燕山期构造岩浆热液作用有密切关系。

(1)新元古代海底火山喷发-沉积作用:喷发物质主要为基性凝灰质及磁铁矿碎屑,形成中基性熔岩透镜体和次火山岩及含矿岩系,局部地段形成矿体。因海水中溶解有较多的硫、磷,形成大量的细粒黄铁矿,并伴生磷。后期由于构造运动发生区域变质作用,基性火山喷发物质发生重结晶形成斜长角闪岩,局部磁铁矿、黄铁矿发生重结晶,颗粒变大,形成局部磁体矿富矿段或矿体和黄铁矿局部富集现象。区域上海西期花岗质岩浆侵入作用使含矿岩系遭受改造,由于气液改造,原来磁铁矿、黄铁矿发生改造形成细脉状黄铁矿和磁铁矿,形成塔东式沉积变质型铁矿。

(2)表生成矿作用:由于构造运动矿体出露地表,在物理和化学风化作用下,黄铁矿等金属硫化物风化,形成褐铁矿等。在中生代受太平洋构造运动的影响,深部岩浆沿一个柱状的岩浆通道上涌,轻的富水岩浆通过岩浆通道上升,流体在其顶部从岩浆中分离。经历了去气的岩浆由于相对较大的密度下降进入下部的岩浆房,下部轻的富水岩浆则继续沿岩浆通道上升,这一对流过程可使大量的流体及挥发分聚集于岩浆通道的顶部。当压力超过围岩压力时发生隐爆,形成角砾岩筒构造,岩浆上侵携带来大量的成矿物质,含钼热液不断向上运移,最终在角砾岩筒各方向的隐爆裂隙中聚集成矿。

该成矿带地质及矿产特征见图4-3。

第三节 吉中-延边(活动陆缘)Mo-Au-As-Cu-Zn-Fe-Ni成矿带

一、地质构造背景演化及成矿特征

(一)成矿地质构造环境及其演化

该成矿带位于吉黑成矿省,华北陆块与吉林-延边古生代增生造山带两个大地构造单元的分界,即辉发河-古洞河地体拼贴带以北,张广才岭、佳木斯-兴凯地块的南缘,吉林造山带、延边造山带内,总体上为被动大陆边缘。该区地质演化过程较为复杂,经历新元古代—晚古生代古亚洲构造域多幕陆缘造山阶段、中新生代滨太平洋构造域阶段的地质演化过程。

1.新元古代—晚古生代古亚洲构造域多幕陆缘造山阶段

在吉黑造山带上晚前寒武纪末期至早寒武世,吉中地区处于华北板块稳定大陆边缘的中亚-蒙古洋扩张中脊形成阶段,早寒武世在四平的下二台一带具有拉张过渡壳特征,主要形成了一套大洋底基性火山喷发,夹有碎屑岩、少量碳酸盐岩和含铁、锰沉积,构成一套完整的火山沉积旋回。在古陆(龙岗陆核)边缘裂陷槽沉积的一套基性—酸性火山喷发沉积和陆源碎屑岩沉积组合(色洛河岩群),遭受了褶皱造山作用和后期的构造岩浆活动,形成了一套绿片岩相—角闪石岩相的变质岩系。延边地区由于中生代一系列构造岩浆事件的改造,除晚古生代末期造山事件(晚二叠世—晚三叠世)证据较充分外,其他造山事件仅有一些零星的地质记录。延边地区的海沟地区、万宝地区的粉砂岩和板岩及和龙白石洞地区的大理岩中均见有具刺凝源类或波罗的刺球藻等化石,敦化地区的塔东岩群一般认为也可与黑龙江的张广才岭群对比,时代为新元古代晚期。加里东期侵入岩以铜、镍、铂、钯成矿作用为主,代表性矿床有仁

第四章 吉林省成矿区带成矿特征及演化

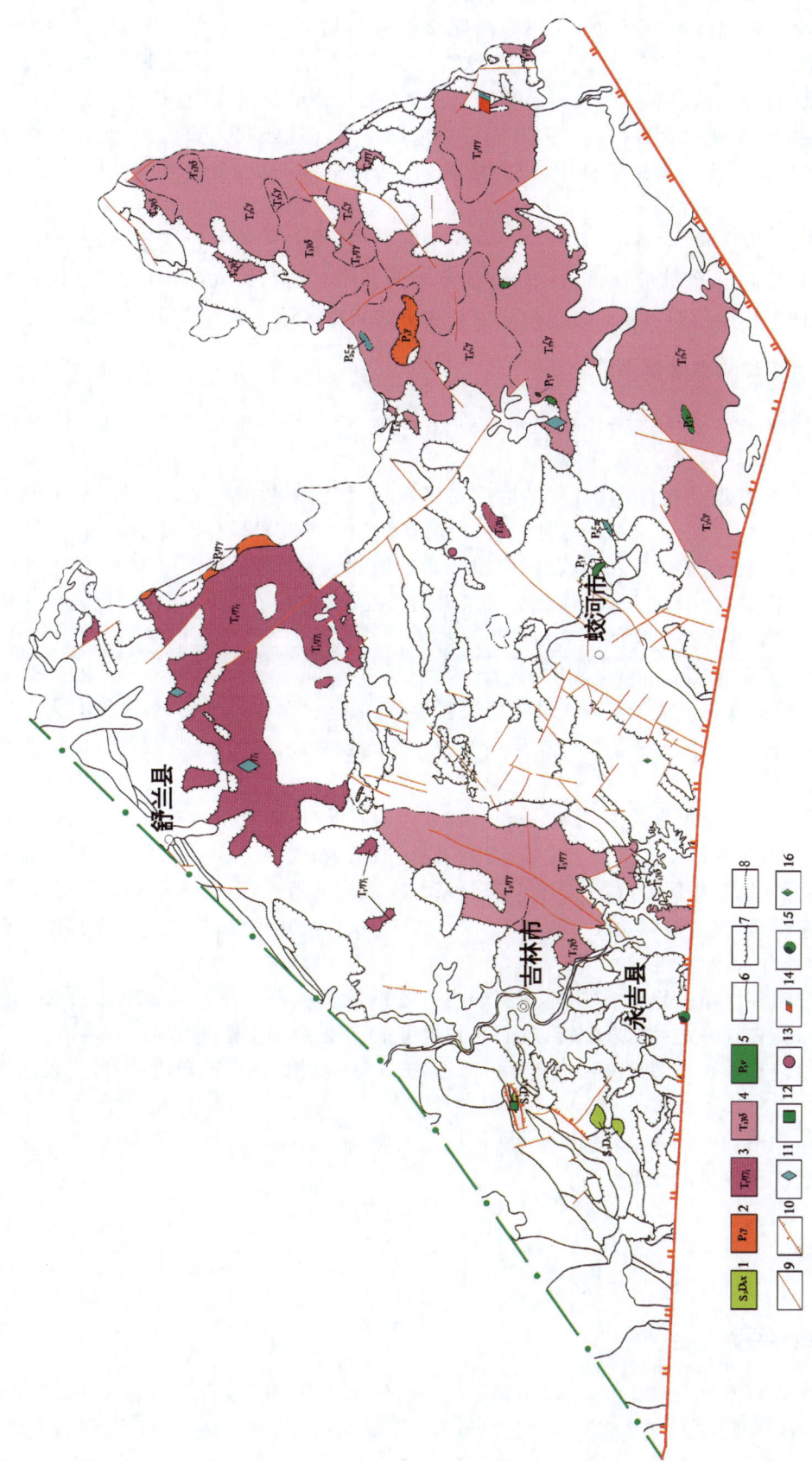

图4-3 福安堡-塔东成矿带（Ⅲ-52-⑥）区域地质矿产图

1.西别河组；2.早二叠世岗岩；3.早三叠世二长花岗岩；4.晚三叠世花岗闪长岩；5.超基性岩；6.地质界线；7.超动接触界线；8.角度不整合界线；9.断层；10.逆断层倾向及倾角；11.钼矿；12.铬铁矿；13.萤石矿；14.铁矿；15.铜矿；16.铜钼矿

和洞铜镍矿。

晚石炭世—早二叠世地层主要为一套碳酸盐岩建造,中二叠世为一套海相陆源碎屑岩夹火山岩建造,晚二叠世—早三叠世为陆相磨拉石建造。早海西期形成两条花岗岩带,一条为和龙百里坪-敦化六棵松二叠纪花岗岩带,为一套钙碱性—碱性花岗岩组合;另一条为延吉依兰-敦化官地二叠纪花岗岩带,同样为一套钙碱性系列花岗岩。同时,可见有超铁镁岩侵入,见有铬矿化,代表性矿床有龙井彩秀洞铬铁矿点。晚海西期在所谓的槽台边界构造带内形成一条东起龙井江域经和龙长仁、海沟直至桦甸色洛河的几千米至十几千米宽的构造岩片堆叠带,带内堆叠了不同时代不同性质的构造岩片,以富含金为特点。

古亚洲多幕造山运动结束于三叠纪,其侵入岩标志为长仁-獐项镁铁质—超镁铁质岩体群的就位,在区域上构造了长仁-漂河川-红旗岭镁铁质—超镁铁质岩浆岩带,以铜、镍成矿作用为主,代表性矿床有长仁铜镍矿,而同期沉积作用的为标志白水滩拉分盆地中的陆相含煤碎屑岩建造。

2. 中、新生代滨太平洋构造域演化阶段

晚三叠世以来,吉林省进入滨太平洋构造域的演化阶段,受太平洋板块向欧亚板块俯冲作用的影响。

晚三叠世早期,在吉黑造山带上沿两江构造形成安图两江-汪清天桥岭幔源侵入岩带,主要出露在安图两江、三岔、青林子、亮兵、汪清天桥岭等地,大致沿两江断裂带的北段呈小岩株状出露,岩性为一套碱性辉长岩、角闪正长岩、石英正长岩、碱长花岗岩组合。以铁、钒、钛、磷成矿作用为主,代表性矿床有三岔铁矿点、南土城子铁矿点。与此同时,伴生有大量火山喷发,形成一系列火山盆地,代表性盆地有天宝山盆地、天桥岭盆地等,两者共同构成了滨西太平洋的晚三叠世岩浆弧,与之相关的次火山岩具有多金属成矿作用,代表性矿床有天宝山多金属矿。

早侏罗世—中侏罗世基本上继承了晚三叠世岩浆弧的特点,但火山作用不明显,未见有火山岩及沉积岩层,而钙碱性侵入岩较发育,形成了大蒲柴河中侏罗世花岗岩带,岩性为花岗闪长岩-似斑状花岗闪长岩-二云母花岗组合。

晚侏罗世岩浆作用以火山喷发为主,形成一套钙碱性火山岩系(屯田营组),侵入岩仅在火山盆地周边局部发育,具有次火山岩的特点。早白垩世,随着欧亚板块的向外增生,受太平洋板块俯冲远距离效应的影响,地壳明显处于拉分作用的状态,具有向裂谷系方向演化的特点,形成一系列断陷盆地,沉积了一系列陆相含煤建造(长财组)、偏碱性火山岩建造(泉水村组)及含油建造(大拉子组),同时伴生有碱性花岗岩侵入(和龙仙景台岩体)。

晚白垩世盆地的裂谷性质已趋于成熟,其中罗子沟等盆地发现有覆盖在大拉子组之上的一套安山玄武岩-流纹岩组合,具有双峰式火山岩的特点,而龙井组可能代表了该时期的类磨拉石建造。

晚侏罗世—白垩纪是吉黑造山带的一个重要成矿期,成矿以金、铜为主,矿产地众多,代表性的有五凤金矿、刺猬沟金矿、九三沟金矿等。

新生代以来火山作用加剧,火山喷发物为大陆拉斑玄武岩-碱性玄武岩-粗面岩-碱流岩组合。

该成矿带区域成矿模式见图4-4。

(二)成矿特征

1. 矿床类型及时空分布特征

区内已知的矿产主要有铁、铬、金、银、铜、铅锌、镍、钼、锑、稀土、硫铁、萤石、煤等。矿床(点)类型主要为沉积变质型、矽卡岩型、侵入岩浆型、斑岩型、热液型、岩浆热液改造型、热液充填型、绿岩型(新发现的松江河金矿)等。众多的矿床、矿点主要分布于坳陷区,有些矿床分布于隆中之坳,总的来看也是坳陷

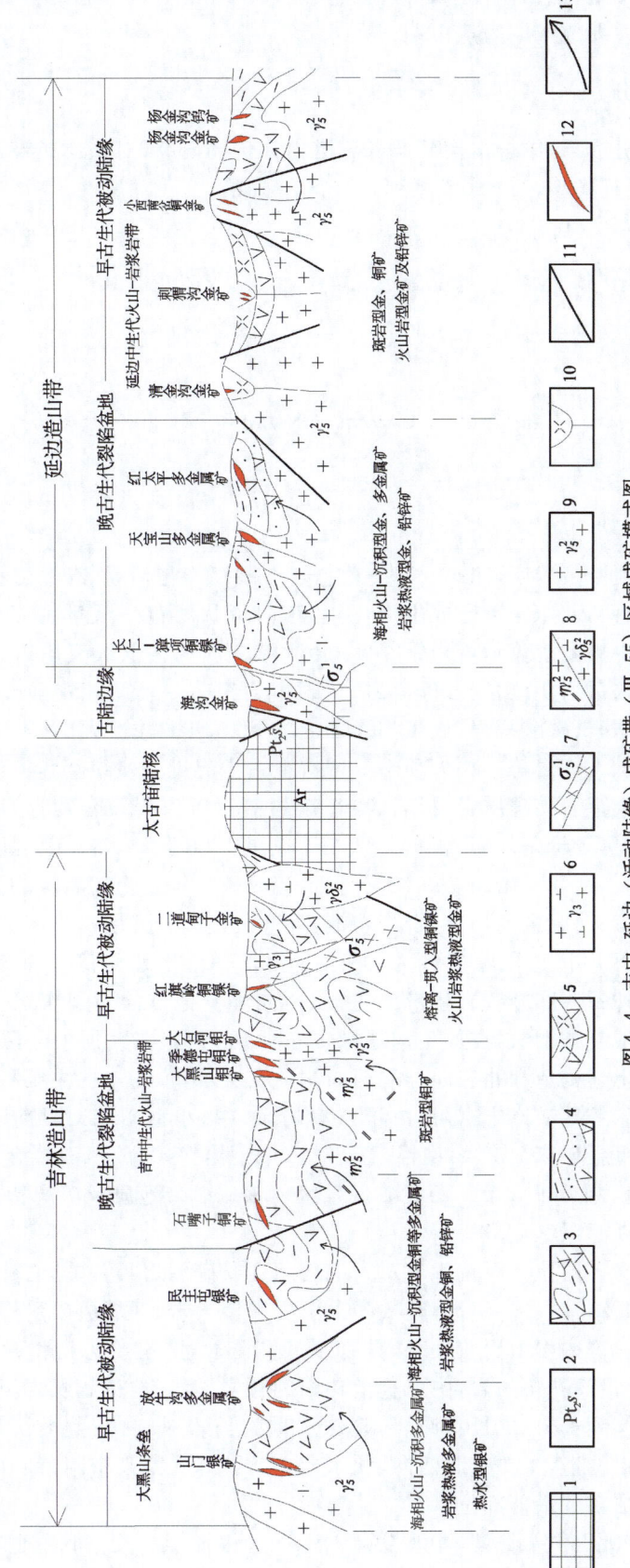

图 4-4 吉中-延边（活动陆缘）成矿带（Ⅲ-55）区域成矿模式图

1.太古宙古陆核；2.中元古界色洛河岩群；3.早古生代海相火山-碎屑-碳酸盐岩沉积建造；4.晚古生代海相-火山中酸性火山-沉积建造；5.中生代陆相中酸性火山-沉积建造；6.加里东期二长花岗岩、花岗闪长岩；7.印支期辉长岩、辉石岩、辉石橄榄岩；8.燕山期二长花岗岩-花岗闪长岩；9.燕山期花岗岩类；10.次火山岩体；11.深大断裂；12.矿体；13.成矿物质、热液运移方向区,大多分布在海西晚期、印支期、燕山期侵入岩体内或其周围。成矿时代自老到新各时代都有成矿,显示多期、多源的成矿特征,但主要成矿期为燕山期。

2. 成矿系列及矿床式划分

通过对以往成矿系列划分成果,结合本次矿产资源潜力评价的研究,对该成矿带成矿系列进行了初步的厘定,划分了2个成矿系列类型,7个成矿系列,26个矿床式。

二、Ⅳ级成矿带成矿特征

(一) 山门-乐山 Ag-Au-Cu-Fe-Pb-Zn-Ni 成矿带(Ⅲ-55-①)

1. 成矿地质条件及成矿特征

该成矿带位于西拉木伦河断裂以南,四平-长春-德惠岩石圈断裂与伊通-舒兰岩石圈断裂之间的大黑山条垒南段,西南起四平山门,北东至伊通放牛沟,呈北东向带状展布。出露地层主要为下古生界寒武系—下奥陶统西保安组和中奥陶统黄莺屯岩组,为一套区域变质的中低级变质岩。西保安组为基性火山岩-硅铁建造的角闪片岩、角闪变粒岩、云母片岩;黄莺屯岩组为一套海相中酸性火山岩-碎屑岩沉积及碳酸盐岩建造的变质碎屑岩、碳酸盐岩、放牛沟火山岩与桃山组中酸性火山-类复理式建造的变英安岩、变流纹岩夹变质粉砂岩、大理岩等。在大顶山一带有上古生界上石炭统磨盘山组和石嘴子组硅质条带大理岩、结晶灰岩、厚层大理岩夹硅质岩、板岩、酸性熔岩等。区内侵入岩发育,从加里东晚期到燕山期均有分布,加里东晚期有黑云母角闪岩、含黑云母二长花岗岩和闪长岩等;海西期有斜长花岗岩、花岗闪长岩和石英闪长岩等;印支期和燕山期有二长花岗岩、流纹斑岩等。上述岩类均呈岩基或岩株北东向分布,形成区内明显的以北东向为主的构造-岩浆岩带,各期次侵入岩分别与不同类型的矿化有关,成为本区主要控矿因素之一。区内构造以断裂最为发育,主要以平行南北两侧大型断裂构造次一级北东—北北东向压性—压扭性冲断层和糜棱岩化带为主,北西向和其他方向断裂次之。褶皱构造多不完整,主要发育在下古生界,形成复式褶皱,在放牛沟地区以东西向为主,在大顶山地区以北西向为主,在山门地区则以北东向为主。上述构造和北东向与北西向构造交会部位,为本区主要控岩、控矿构造。该成矿带内镍、钼、银、金、铜、铅、锌等矿产丰富,形成了众多的大、中、小型矿床。目前已发现矿床、矿点、矿化点共计40多处,其中大型银矿床1处,中型银矿床1处,中型铅锌矿(放牛沟多金属矿)1处,小型铜矿2处,铅锌矿1处,镍矿1处,划分了2个Ⅴ级找矿远景区。该成矿带地质及矿产特征见图4-5。

1) 山门 Ag-Au-Ni 找矿远景区(Ⅴ7)

(1) 地质特征:区内主要含矿层位为下古生界黄莺屯岩组变质碎屑岩、碳酸盐岩建造,原岩为一套海相中酸性火山岩-碎屑岩沉积及碳酸盐岩建造;其次为火山岩和侵入岩,区域成矿受层控明显,含矿热液主要来源于上述地质体之中。区内侵入岩较发育,具有多期多阶段性,有晚志留世片麻状石英闪长岩,中二叠世石英闪长岩,晚二叠世辉石角闪岩,中三叠世花岗闪长岩,晚三叠世辉长岩,早侏罗世花岗闪长岩,中侏罗世石英闪长岩、花岗闪长岩、二长花岗岩,晚侏罗世闪长岩,早白垩世正长花岗岩。区内发育的脆性断裂构造是成矿和控矿构造,主要有北西向、北东向、东西向,在断裂带附近和两组断裂交会部位以及侵入岩与地层接触带是成矿的最佳部位。

(2) 矿产特征:区内有大型银矿床1处,中型银矿床1处、银矿点4处;小型金矿床1处、金矿点10处;铁矿点3处、锰矿点2处、铝矿点1处;小型铜矿1处、矿点1处。

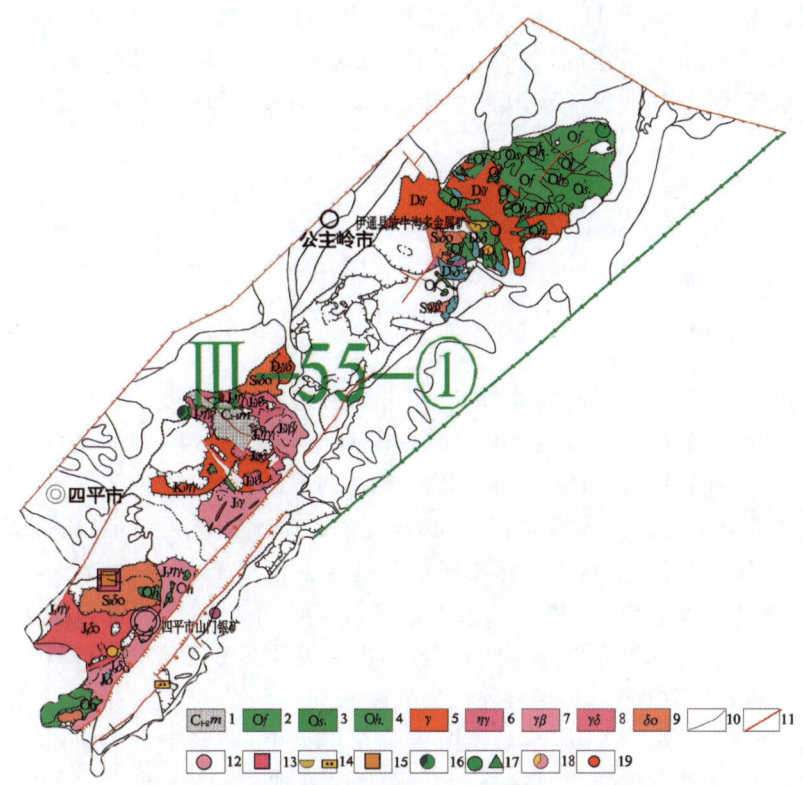

图 4-5　山门-乐山成矿带(Ⅲ-55-①)区域地质矿产图

1.石炭系磨盘山组；2.奥陶系放牛沟火山岩；3.奥陶系烧锅屯岩组；4.奥陶系黄顶子岩组；5.花岗岩；6.二长花岗岩；7.黑云母花岗岩；8.花岗闪长岩；9.石英闪长岩；10.地质界线；11.断层；12.银矿；13.镍矿；14.金矿；15.磷矿；16.多金属矿；17.铜矿；18.金银矿；19.铁矿

2)放牛沟 Au-Cu-Pb-Zn 找矿远景区(Ⅴ8)

(1)地质特征：位于大黑山隆起带的中心部位，区域上奥陶系放牛沟火山岩片理化流纹质凝灰岩、英安质凝灰熔岩夹大理岩及中志留统弯月组变质流纹岩、变质安山岩夹大理岩为主要含矿建造，含矿热液主要来源于上述火山岩之中。区内侵入岩较发育，具有多期多阶段性。有晚志留世闪长岩、片麻状石英闪长岩、片麻状花岗闪长岩，晚三叠世辉长岩、石英闪长岩，早侏罗世花岗闪长岩、二长花岗岩、正长花岗岩，中侏罗世石英二长岩、二长花岗岩，晚侏罗世闪长岩，早白垩世正长花岗岩。区内发育的脆性断裂构造是成矿和控矿构造，主要有北西向、北东向、东西向，在断裂带附近和两组断裂交会部位是成矿的最佳部位。

(2)矿产特征：中型硫铁矿多金属矿床1处、矿点1处；小型铜矿床3处、铜矿点2处；铅锌矿点2处、铁矿点1处、金矿点2处。

2. 成矿作用及其演化

该成矿带以新元古代和中生代成矿为主，该区分布的多数矿床大都是燕山时期定位的，成矿与燕山期构造岩浆热液作用有密切关系。原始沉积的古生代海相中酸性火山岩-碳酸盐岩-碎屑岩建造，富含大量的金、银、铜、铅、锌等成矿物质，为初始矿源层。海西期侵入的基性岩浆具有深部熔离作用和就地熔离作用，形成了基性—超基性的不同岩相，降低了硫化物熔融体的熔解度，经熔离生成的硫化物熔浆因重力作用而沉于岩体底部，从而形成岩体中的硫化镍矿床。海西期—燕山期中酸性花岗岩浆活动带来部分成矿物质，在岩浆上侵的同时同化早古生代火山-沉积岩系物质，逐步活化地层中的造矿元素，随着岩浆期后的富硅、矿质交代作用进行，残余岩浆热液中不断富集矿化剂，形成以含金银氯络合物为主的矿液。在热动力驱赶下，矿液向低压的有利构造空间运移，当到达天水线时被冷却凝结，同时与天水混合和被氧化形成含 HCO_3^-、Cl^-、HSO_4^- 等离子的酸性溶液向下淋滤,大量的金属阳离子被带入热液,在弱碱性介质条件下,金银沉淀富集成矿。当含矿热液运移到构造应力薄弱、易交代的含钙质、杂质较多的大理岩特别是条带大理岩、片理化安山岩及安山质凝灰岩中形成矽卡岩,同时成矿物质发生沉淀,形成充填交代矿体。

(二)那丹伯-一座营 Au-Mo-Ag-Pb-Zn-Cu-Ni 成矿带(Ⅲ-55-②)

1. 成矿地质条件及成矿特征

该成矿带位于伊通-舒兰岩石圈断裂与辉发河-古洞河超岩圈断裂之间,伊泉岩浆弧和中生代南楼山-辽源火山盆地群的叠合部位,北起伊通伊丹镇,南至辉南一座营,呈南北向带状展布,划分了1个V级找矿远景区,即西苇-沙河镇 Au-Cu-Ag-Mo-Ni-Pb-Zn 找矿远景区(V9)。

区内出露地层主要为新元古界西保安岩组,以含沉积变质型铁矿为特征,岩性以角闪质岩石为主,偶见大理岩薄层,夹磁铁矿数层;下古生界中志留统石缝组是以变质砂岩、粉砂岩与结晶灰岩为旋回层的一套地层,赋存的矿产主要有金、铅锌、萤石;上志留统椅山组是以碎屑岩和碳酸盐岩为主的一套地层。区内侵入岩分布较广,有加里东期花岗闪长岩、印支期花岗闪长岩与燕山期花岗闪长岩(二长花岗岩)、闪长玢岩和花岗斑岩,其中燕山期花岗闪长岩和二长花岗岩分布广,空间上与钼矿化关系密切;侵入岩呈近东西—北东向分布,呈岩基状产出,构成吉林东部火山-岩浆岩带的组成部分。区内断裂构造展布方向主要为北东向,北西向次之,主要矿产均赋存于北东向构造带内。

该成矿带内金、银、铜、铅、锌、钼、铁、萤石等矿产丰富,形成了众多的矿床、矿点。其中,小型金矿2处、金矿点7处;小型铅锌矿2处、小型铁锰矿1处、钼矿点1处、小型萤石矿1处、萤石矿点1处。该成矿带地质及矿产特征见图4-6。

2. 成矿作用及演化

该成矿带以新元古代和中生代成矿为主,该区分布的多数矿床大都是燕山期定位的,成矿与燕山期构造岩浆热液作用有密切关系。新元古代海底火山喷发-沉积作用,喷发物质主要为基性凝灰质及磁铁矿碎屑,形成中基性熔岩透镜体和次火山岩,形成含铁岩系,因海水中溶解有较多的硫、磷,形成大量的细粒黄铁矿,并伴生磷。后期由于构造运动发生区域变质作用,局部磁铁矿、黄铁矿发生重结晶、颗粒变大,形成局部磁铁矿富矿段或矿体和黄铁矿局部富集现象,后期花岗质岩浆侵入作用使含矿岩系遭受改造。由于气液改造,原来磁铁矿、黄铁矿发生改造形成细脉状黄铁矿和磁铁矿,形成塔东式沉积变质型铁矿。

古生代沉积的海相碎屑岩-碳酸盐岩建造,富含大量的金、银、铜、铅锌等成矿物质,为初始矿源层。随着早古生代沉积作用结束代之为强烈的构造运动,在中生代受太平洋构造运动的影响,深部岩浆沿一个柱状的岩浆通道上涌,轻的富水岩浆通过岩浆通道上升,在其顶部流体从岩浆中分离,经历了去气的岩浆由于相对较大的密度下降进入下部的岩浆房,下部轻的富水岩浆则继续沿岩浆通道上升,这一对流过程可使大量的流体及挥发分聚集于岩浆通道的顶部。当压力超过围岩压力时发生隐爆,形成角砾岩筒构造,岩浆上侵携带来大量的成矿物质,含钼热液不断向上运移,最终在角砾岩筒各方向的隐爆裂隙中聚集成矿。在岩浆上侵的同时,同化早古生代沉积岩系物质,逐步活化地层中的造矿元素。随着岩浆期后的富硅、钾质交代作用进行,残余岩浆热液中不断富集矿化剂,在热动力驱赶下,矿液向低压的有利构造空间运移。当含矿热液运移到构造应力薄弱、易交代的含钙质、杂质较多的大理岩及岩性界面中形成矽卡岩,同时成矿物质发生沉淀,形成充填交代矿体。

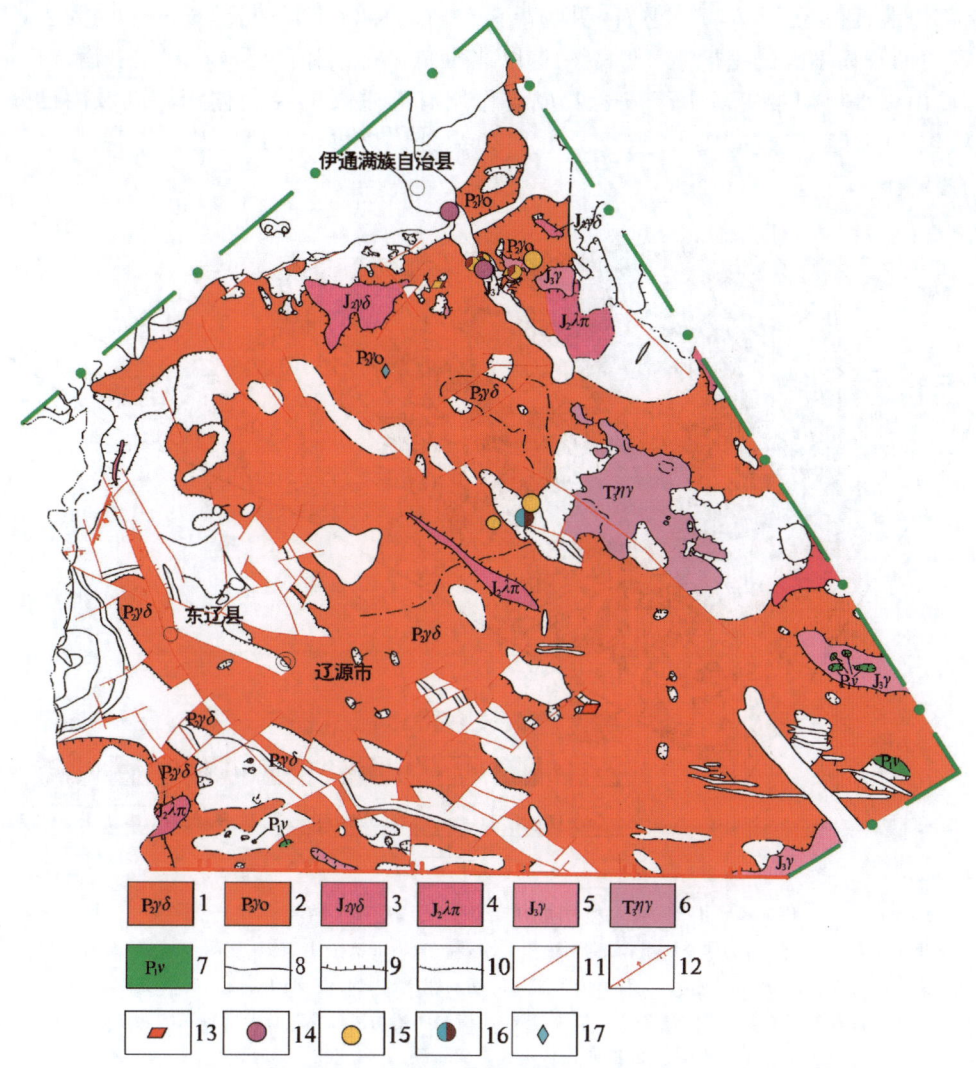

图 4-6 那丹伯-一座营成矿带（Ⅲ-55-②）区域地质矿产图

1.晚二叠世花岗闪长岩；2.晚二叠世斜长花岗岩；3.中侏罗世花岗闪长岩；4.中侏罗世次流纹岩；5.晚侏罗世花岗岩；6.晚三叠世二长花岗岩；7.早二叠世辉长岩；8.地质界线；9.超动接触界线；10.角度不整合界线；11.断层；12.逆断层倾向；13.磷铁矿；14.萤石矿；15.金矿；16.铅锌矿；17.钼矿

（三）山河-榆木桥子 Au-Ag-Mo-Ni-Cu-Fe-Pb-Zn 成矿带（Ⅲ-55-③）

1.成矿地质条件及成矿特征

该成矿带位于伊通-舒兰岩石圈断裂与敦化-密山岩石圈断裂之间，吉中中生代火山盆地东段。区内晚古生代处于被动大陆边缘构造环境，出露有晚石炭世碳酸盐岩-屑碎岩建造与早二叠世海相中酸性火山-沉积建造及浅海陆棚相类复理石建造。区域上晚古生代处于次稳定大陆边缘造山阶段特有的构造环境，对成矿较为有利。下二叠统 Pb、Zn、Ag 等成矿元素背景值普遍偏高，特别是 Pb、Zn 的背景值明显偏高，各层位中矿化剂元素 Cl 含量较高，有利于成矿物质的迁移富集。区内的已知矿床（点）均赋存在早二叠世地层内。区域海西期和印支期及燕山期中酸性侵入岩较发育。中生代区内陆相火山-岩浆活动强烈，形成了以中性火山岩为主的中酸性火山岩建造。火山热液活动与金、砷矿化关系密切。本区构造较发育，褶皱构造以晚古生代地层组成的一系列紧闭褶皱为主。以烟筒山-二道林子东西向基底断裂为界,南部以北西向为主,发育有磐石-明城背斜、黑石-官马向斜;北部以北东向为主,形成一些与韧性剪切带有关的规模不大的鞘褶皱。断裂构造以北西向黑石-烟筒山深断裂为主,南北向断裂和北东向头道川-烟筒山韧性剪切带等对本区成岩及成矿作用有着重要的控制作用。区域内已知矿产有铜、金、银、铅、锑、钨、钼等,已发现矿床、矿点及矿化点20余处。该成矿带地质及矿产特征见图4-7,划分了2个Ⅴ级找矿远景区。

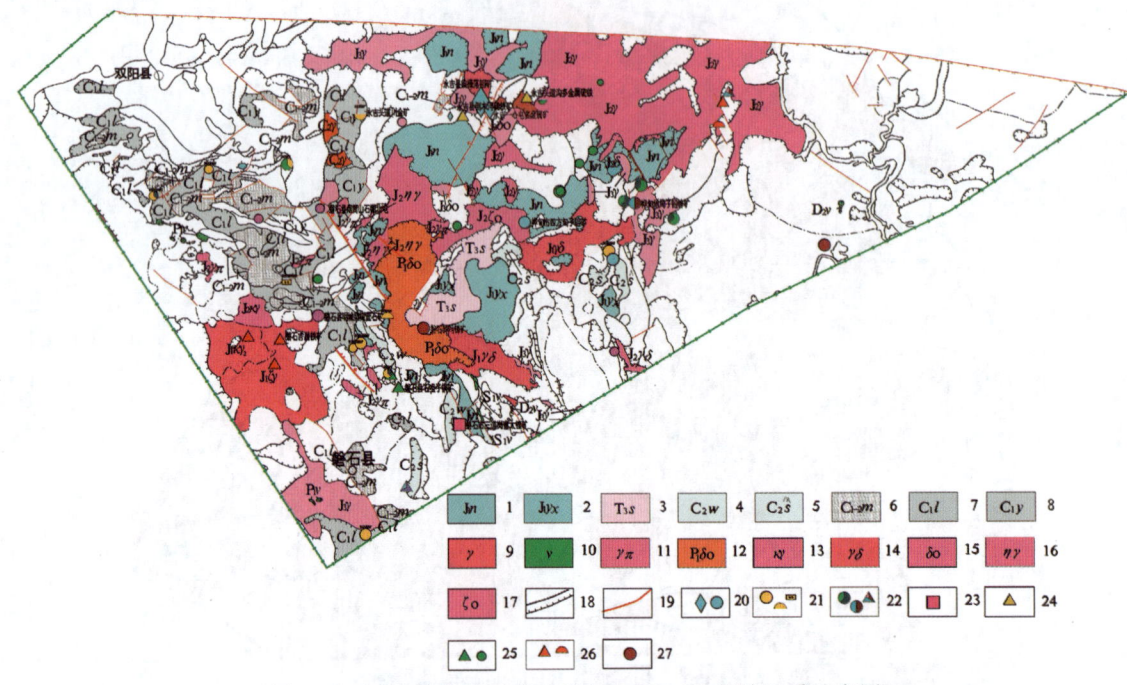

图4-7 山河-榆木桥子成矿带(Ⅲ-55-③)区域地质矿产图

1.南楼山组;2.玉兴屯组;3.四合屯组;4.窝瓜地组;5.石嘴子组;6.磨盘山组;7.鹿圈屯组;8.余富屯组;9.花岗岩;10.辉长岩;11.花岗斑岩;12.石英闪长岩;13.碱长花岗岩;14.花岗闪长岩;15.石英闪长岩;16.二长花岗岩;17.石英正长岩;18.实测角度不整合界线/花岗岩体超动接触界线;19.断层;20.钼矿;21.金矿;22.铅锌矿;23.镍矿;24.硫铁矿;25.铜矿;26.铁矿;27.锑矿

1)头道-官马 Au-Ni-Fe-Ag-Cu-萤石找矿远景区(Ⅴ10)

(1)地质特征:位于磐石-双阳裂陷的中南部,区内印支晚期、燕山早期火山活动十分强烈,并有同期的中酸性侵入岩。西部出露下古生界石炭系窝瓜地组酸性火山熔岩夹灰岩建造,由片理化流纹岩、凝灰熔岩、英安质凝灰岩夹灰岩组成,系沿近南北向断裂海底喷溢的产物,本建造为窝瓜地铜矿的载体。区内还出露有鹿圈屯组砂岩夹灰岩建造及与灰岩互层建造、磨盘山组灰岩建造、石嘴子组砂岩与页岩互层夹灰岩建造,侵入岩与火山活动紧密相伴。东胜利屯一带分布有印支期白云母花岗岩,中侏罗世闪长岩、石英闪长岩、二长花岗岩、正长花岗岩,早白垩世花岗斑岩。

(2)矿产特征:小型金矿1处,金矿点3处,小型砂金1处,小型铜矿1处,小型1处,小型铁矿3处,矿点12处。区内中部有官马镇火山热液型金矿、石嘴子铜矿、驿马火山热液型锑矿等。

2)大黑山-倒木河 Mo-Au-Ag-Cr-Cu-Fe-Pb-Zn-S找矿远景区(Ⅴ11)

(1)地质特征:区内主要出露晚三叠世、早侏罗世火山岩建造和火山碎屑岩建造、早、中侏罗世石英闪长岩、花岗闪长岩建造和晚侏罗世二长花岗岩建造。北部有寒武系头道沟岩组变质岩构造残片和二叠系范家屯组碎屑岩建造。区内侵入岩分布面积较广,与火山岩共同组成驿马-吉林火山-岩浆构造带。区内有晚二叠世超基性岩,燕山早中期碱长花岗岩、石英闪长岩、花岗闪长岩、二长花岗岩,燕山晚期晶洞碱长花岗岩、闪长玢岩和花岗斑岩。其中花岗闪长岩和二长花岗岩分布最广,并且在空间上与铜钼及多金属矿床关系密切。

(2)矿产特征:区内有大黑山钼(铜)矿、锅盔顶铜矿等多金属矿床及矿点。南楼山组火山碎屑岩中有大型砷、铜矿床和多处矿点、矿化点。安山岩与燕山期花岗斑岩接触带形成小型铜及多金属矿床。中生代北东向火山岩带为区内控矿构造。区内有大型钼矿1处,小型1处,矿点2处;铁矿点6处;小型铜矿3处,矿点1处;金矿点1处;铅锌矿点1处;铁矿点3处。

2. 成矿作用及演化

由早古生代基底发展而来的晚古生代地壳成熟度大为提高,沉积范围缩小,稳定性增强,只有局部火山裂陷盆地发育有火山岩、砂泥岩、碳酸盐岩"互层带",赋存喷气型块状硫化物矿床(头道川式金矿、石嘴子式铜矿),晚期沿断裂侵入的超基性侵入岩具有铬铁矿化。中生代以来为滨太平洋活动陆缘的一部分,区域内火山作用很普遍,中酸性岩浆侵入活动强烈,成熟地壳热作用达到顶峰,是成矿最佳时期,形成一些中酸性火山盆地和中酸性深成侵入岩带,前者在火山热泉机制作用下生成官马式金矿和驿马式锑矿,于火山坳陷与隆起区之间的过渡地带集结铜、铅、锌(银)和钼矿床。它们多与火山坳陷下岩浆房沿过渡带构造破碎带多次侵入的复式岩体或脉体相有关的斑岩型、热液型矿床,代表性的矿床为大黑山斑岩型钼矿床等。产于火山盆地内的矿产有金、银、铜、锌铅、铁、萤石等多金属矿,它们多与这个时期岩浆活动有密切的关系。

(四)红旗岭-漂河川 Ni-Au-Cu 成矿带(Ⅲ-55-④)

1. 成矿地质条件及成矿特征

该成矿带位于辉发河深大断裂带北部,该断裂不仅限制了两侧沉积建造类型、岩浆活动,还控制着基性—超基性岩带的形成与分布。目前已发现基性—超基性岩多产出于断裂带北部一侧,自西向东依次发育红旗岭、漂河川基性—超基性岩体群,划分了1个Ⅴ级找矿远景区,即红旗岭-漂河川 Ni-Au-Cu-S-Fe-Sb 找矿远景区(Ⅴ12)。

区域内出露地层主要有下古生界呼兰岩群变质岩系,岩性主要有变质砂岩、板岩、粉砂岩、碳质页岩、结晶灰岩及中基性变质火山岩;石炭系、二叠系英安岩、英安质凝灰角砾岩、凝灰岩夹灰岩等。呼兰岩群变质岩系是含铜镍基性、超基性岩体的围岩,同时也是金矿的赋矿层位。区域与铜镍成矿有关的岩浆活动为印支期基性、超基性岩侵入,主要有红旗岭岩体群、漂河川岩体群。单个岩体多为脉状、岩墙状、透镜状,呈串珠状排列,岩石类型为辉长岩-辉石岩-橄榄岩型及斜长辉石岩-苏长岩型等。区内还分布有大面积的燕山期黑云母花岗岩、闪长岩及花岗闪长岩,与金成矿关系密切。控制基性—超基性岩的构造为辉发河深大断裂的次一级断裂,大部分控岩构造呈北西向集群,东西向成带展布,北西向构造为容岩、容矿构造。红旗岭岩体群已发现基性、超基性岩体47个,赋存大型铜镍矿床两处,尚有近20个基性、超基性岩体未进行系统评价。岩体分布在辉发河深大断裂的次一级构造黑石-烟筒山断裂带内,岩体顺层侵位于早古生代呼兰岩群变质岩中。茶尖岭铜镍矿化区目前已发现基性、超基性岩体15个,在1号、6号、新6号、9号和10号岩体控获镍金属量,对其余岩体,特别是已知盲矿体,投入的工作量都很少,勘查评价程度很低。漂河川基性、超基性岩体群成矿背景、岩体特征及成矿作用亦与红旗岭岩体群具有可比性,除已经评价的4号、5号、115号岩体外,其余的岩体工作程度都很低。

(2)矿产特征:红旗岭岩区内有大型镍矿1处,中型1处,小型铜矿5处,矿点1处;小型金矿1处,矿点5处;小型铁矿1处,矿点5处。漂河川岩区内有中型镍矿1处,小型镍矿3处,镍矿(化)点5处。大型金矿1处,小型金矿1处,金矿点3处,铌矿点1处,钨矿点1处。该成矿带地质及矿产特征见图4-8。

2. 成矿作用及演化

古生代该区为拉张过渡型地壳,沿古陆边缘附近形成海沟-岛弧带,形成了寒武系—奥陶系碳质云英角页岩与长石角闪石角页岩互层,为金(锑)的主要富集层位。燕山期黑云母花岗岩呈岩基状侵入,将

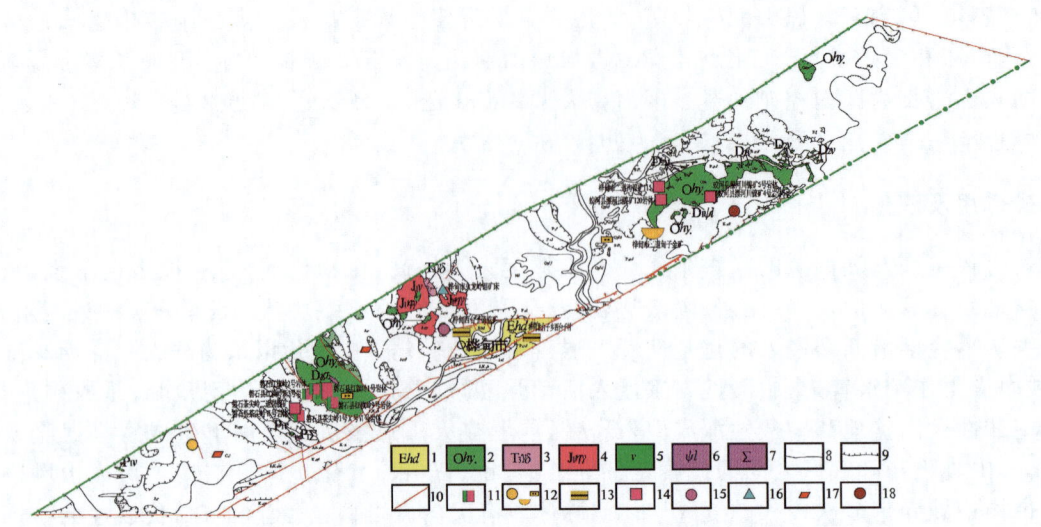

图 4-8 红旗岭-漂河川成矿带（Ⅲ-55-④）区域地质矿产图
1.古近系桦甸组；2.奥陶系黄莺屯岩组；3.晚三叠世花岗闪长岩；4.早侏罗世二长花岗岩；5.辉长岩；
6.辉石橄榄岩；7.超基性岩；8.地质界线；9.不整合地质界线；10.断层；11.铜镍矿；12.金矿；13.硫铁矿；
14.镍矿；15.萤石矿；16.钼矿；17.铁矿；18.锑矿

周围地层中的有用元素重新活化，燕山期闪长岩株的侵入，携带含矿热液沿早形成的构造裂隙运移，在物理化学条件适合的环境中形成含金石英脉（二道甸子金矿）。古生代末—中生代，该区为滨太平洋活动陆缘的一部分，随着构造作用的加剧，裂陷槽下部上地幔大量基性—超基性岩浆上升到地壳内，进入中间岩浆房，经分异先后侵入地壳表层，在红旗岭、漂河川等地形成红旗岭式铜镍硫化物矿床。

（五）海沟-红太平 Au-Fe-Cu-Pb-Zn-Ag-Mo-Ni 成矿带（Ⅲ-55-⑤）

1. 成矿地质条件及成矿特征

该成矿带位于兴凯地块南缘的延边中生代火山岩带上，为北东向展布的金铜成矿带，以金为主的金铜矿产主要受东西向火山-次火山岩带控制，划分了 4 个 V 级找矿远景区。

区内出露有中元古界色洛河岩群，总体呈北西向带状分布，为绿片岩相—角闪石岩相的变质岩系。岩性为变质火山碎屑岩、大理岩及斜长角闪岩，是区内金的主要赋矿层位，近几年在该层位内发现了松江河金矿。中生界—新生界火山岩较发育，分布有上二叠统庙岭组中所夹火山碎屑岩、凝灰岩；上三叠统托盘沟组安山岩、英安岩及中酸性火山碎屑岩与天桥岭组流纹质和英安质火山岩、火山碎屑岩；上侏罗统屯田营组安山岩建造；下白垩统刺猬沟组安山岩、英安岩及火山碎屑岩与金沟岭组玄武岩、玄武安山岩及火山碎屑岩和第三系老爷岭组橄榄玄武岩、气孔状玄武岩等。区内构造以断裂构造为主，有北东向、北西向、东西向，每条断裂带又由许多平行似等间距分布的北北东向、北东向断裂组成，在平面、剖面上具有舒缓波状延展特点；与成矿有关的构造为北东向、北西向构造（主要的控矿和储矿构造）。区内不同大地构造单元接合带中发育多条相互平行的韧性剪切带，与金及多金属矿关系比较密切，松江河金矿位于金银别-四岔子复杂构造带中的韧性剪切带内。区内侵入岩发育，具有多期多阶段性，有二叠纪花岗石英闪长岩、二长花岗岩；三叠纪花岗闪长岩、二长花岗岩、碱长花岗岩；早侏罗世石英闪长岩、花岗闪长岩、二长岩、二长花岗岩；中侏罗世二长花岗岩。它们在区域上构成大致呈近北东向带状展布的花岗岩浆岩带，对内生金属矿产形成十分有利。

区内与已知矿产有关的含矿建造为绿岩建造和火山岩建造，已知的矿床和矿点成矿类型有岩浆热液型、火山型、斑岩型、接触交代型、岩浆热液改造型（新发现的松江河金矿）。该成矿带地质及矿产特征见图 4-9。

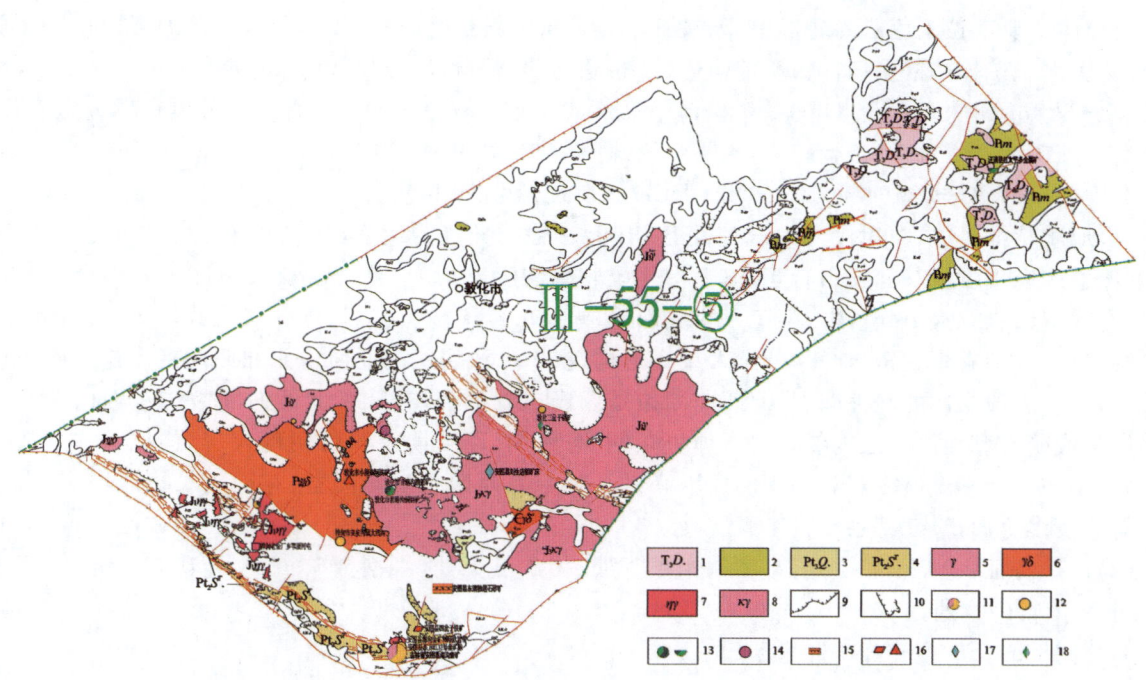

图 4-9　海沟-红太平成矿带（Ⅲ-55-⑤）区域地质矿产图

1.大兴沟岩群；2.庙岭组；3.青龙村群；4.色洛河岩群；5.花岗岩；6.花岗闪长岩；7.二长花岗岩；8.碱长花岗岩；9.实测角度不整合界线；10.花岗岩体超动接触界线；11.银金矿；12.金矿；13.铜钼矿；14.萤石矿；15.稀土矿；16.铁矿；17.钼矿；18.铜钼多金属矿

1) 海沟 Au-Fe-Ag-Ni 找矿远景区（Ⅴ13）

（1）地质特征：区内出露有中元古界色洛河岩群、中生界—新生界火山岩。中元古界色洛河群总体上呈北西向带状分布，是一套以铁镁质火山岩为主体的变质-火山沉积岩系，后期经历了多期次的构造岩浆活动，岩石普遍遭受了中深程度区域变质作用和多期的强烈动力变质作用，形成以绿片岩相—角闪岩相为主体的变质岩系和糜棱岩系，为典型的绿岩型建造，是松江河金矿床的重要矿源层。中生界上三叠统托盘沟组为一套流纹岩-流纹质火山碎屑岩建造；上侏罗统屯田营组为一套安山岩建造。区内侵入岩发育，具有多期多阶段性，主要有晚三叠世碱长花岗岩、早侏罗世石英闪长岩、花岗闪长岩、二长岩、二长花岗岩；中侏罗世二长花岗岩。180~160Ma 的二长花岗岩，侵入到新元古界红光屯岩组的斜长角闪岩、二云片岩夹大理岩中，沿北东向断裂构造沉淀而形成金矿（海沟金矿）。区内构造以断裂构造为主，有北东向、北西向、东西向，每条断裂带又由许多平行似等间距分布的北北东向、北东向断裂组成，在平面、剖面上具有舒缓波状延展特点，构成了金银别-四岔子复杂构造带的中段，松江河金矿产于该复杂构造带内南北向展布的韧性剪切带内。

（2）矿产特征：大型金矿 1 处，中型金矿 1 处（新发现的松江河金矿），小型金矿 1 处，金矿点 2 处，小型铁矿 2 处，铁矿点 2 处，镍矿点 3 处。

近年在该找矿远景区内新发现的松江河金矿，所处的构造环境是龙岗陆核北部的边缘裂陷槽，同时又是深大断裂带通过部位，褶皱造山作用和后期的构造活动及岩浆作用强烈而频繁，地层普遍遭受了较为强烈的动力变质作用。赋矿层位为中元古界色洛河岩群以铁镁质火山岩为主体的变质-火山沉积岩系，原岩应是古陆边缘裂陷槽内沉积的一套基性—酸性火山喷发沉积和陆缘碎屑岩沉积组合，后期经历了多期次的构造岩浆活动，岩石普遍遭受了中深程度区域变质作用和多期的强烈动力变质作用，形成以绿片岩相—角闪岩相为主的变质岩系和糜棱岩系。矿床处于北东向和北西向两组构造交会部位，矿体产于近南北向展布的韧性剪切带内。该韧性剪切带早期为韧性变形，后期叠加有脆性变形作用，是矿区内的主要容矿构造。矿区内岩浆岩发育，主要有晋宁晚期钾长花岗岩、海西期辉石角闪岩、燕山期黄泥岭单元黑云母斜长花岗岩和五道溜河单元钾长花岗岩。

金矿体主要就位于色洛河岩群中部岩性段（黑云角闪斜长糜棱片岩、黑云斜长角闪糜棱片岩夹角闪片岩）的底部。矿体严格受韧性剪切带构造控制，呈脉状、薄脉状，长37～642m，厚0.80～3.61m，延深一般39～327m，最大延深1080m，单个矿体平品位$(0.53～7.77)\times10^{-6}$。有用组分以自然金为主，次为银金矿。该矿床共发现10条金矿体，探明金资源储量9t，为中型金矿床。

2）大蒲柴河Au-Cu-Fe-Ag-Ni-REE找矿远景区（Ⅴ14）

(1) 地质特征：区内中生代火山岩较发育，有上三叠统托盘沟组安山岩、英安岩及中酸性火山碎屑岩；上侏罗统屯田营组一套安山岩建造；下白垩统刺猬沟组安山岩、英安岩及火山碎屑岩与金沟岭组玄武岩、玄武安山岩及火山碎屑岩；第三系船底山组、老爷岭组橄榄玄武岩、气孔状玄武岩等。区内断裂构造比较发育，其中有由敦密（地堑）断裂大型变形构造、中—浅层次的北西—北北西向夹皮沟北西向韧性剪切带，也有表浅层次的脆性断裂；北西向断裂是区内重要的控矿断裂，北西向断裂与东西向断裂的交会部位是成矿有利地段。区内侵入岩有加里东期、海西期、印支期及燕山期侵入岩，构成吉林东部火山岩浆岩带，与内生多金属矿产有一定的成因联系。其中海西期二长花岗岩、花岗闪长岩分布广泛，在空间上与钼及多金属矿床关系密切。

(2) 矿产特征：中型钼矿1处，小型铜钼矿1处，钼矿点1处，小型金矿1处，金矿点3处，小型铁矿1处，小型萤石矿1处。

3）亮兵Cu-Fe-Ag找矿远景区（Ⅴ15）

(1) 地质特征：区内中生代火山岩较发育，有上三叠统托盘沟组安山岩、英安岩及中酸性火山碎屑岩；上侏罗统屯田营组一套安山岩建造；下白垩统刺猬沟组安山岩、英安岩及火山碎屑岩与金沟岭组玄武岩、玄武安山岩及火山碎屑岩；第三系船底山组、老爷岭组橄榄玄武岩、气孔状玄武岩等。区内断裂构造比较发育，其中有由敦密（地堑）断裂大型变形构造，也有表浅层次北西向的两江-天桥岭脆性断裂；北西向断裂是区内重要的控矿断裂，北西向断裂与东西向断裂的交会部位是成矿有利地段。区内侵入岩有加里东期、海西期、印支期及燕山期侵入岩，构成吉林东部火山岩浆带，与内生多金属矿产关系密切。

(2) 矿产特征：区内与已知矿产有关的含矿建造为火山岩建造，已知的矿床、矿点成矿类型主要为岩浆热液型、火山型、接触交代型。

4）红太平Pb-Zn-Cu-Au-Ag-Ni找矿远景区（Ⅴ16）

(1) 地质特征：区域出露有上二叠统庙岭组中所夹火山碎屑岩、凝灰岩；上三叠统托盘沟组安山岩、英安岩及中酸性火山碎屑岩与天桥岭组流纹质和英安质火山岩、火山碎屑岩；下白垩统刺猬沟组安山岩、英安岩及火山碎屑岩与金沟岭组玄武岩、玄武安山岩及火山碎屑岩；第三系老爷岭组橄榄玄武岩、气孔状玄武岩等，构成天桥岭火山洼地。与成矿有关的构造为北东向断裂构造，是主要的控矿和储矿构造。区内侵入岩发育，并且在区域上显示出具有多期多阶段性特点，有二叠纪花岗石英闪长岩、二长花岗岩；三叠纪花岗闪长岩、二长花岗岩；早侏罗世花岗闪长岩、二长花岗岩等。上述侵入岩在区域上构成大致呈近北东向带状展布的花岗岩浆岩带。

(2) 矿产特征：小型铜矿2处，铜矿点3处，铅锌矿点1处，铁矿点1处。区内与已知矿产有关的含矿建造为火山岩建造，已知矿点成矿类型均为火山型成矿。

2. 成矿作用及演化

在中条运动初期，随着裂陷槽的褶皱隆起，强烈的火山爆发和变质作用使大量的U、Th、Pb、Au、Bi、Ag、As、Sb、C进入了色洛河岩群中。在中深程度的区域变质作用下，普遍发生绿片岩相—角闪岩相的变质作用，成矿物质在变质热液的参与下活化迁移并重新分配富集，其间Pb、Au、Ag、S等成矿元素形成了本区的一次大规模的金矿化，构成了松江河金矿（新发现）、海沟金矿的矿源层。晚古生代二叠纪地壳活动较为剧烈，伴随地壳下陷、海水入侵，沉积了一套海相碎屑岩，并有海底火山爆发，喷发出大量的中性熔岩，形成了海底火山热液喷流，形成了富含铜及多金属的矿层或矿源层。中生代以来为滨太平洋活动陆缘的一部分，区内火山-岩浆活动强烈，沉积形成了一套火山-沉积岩系，以及富含金及多金属的矿层或矿源层。区域变形褶皱和强烈的变质改造作用,对金及多金属迁移富集起到了一定的作用。在滨太平洋板块的活化阶段,大陆内部形成一些具有继承性的断裂带,一些同熔型花岗岩浆并沿具拉张性深大断裂上侵,并携带了大量的矿质和矿化剂(Au、Ag、Sb、Se、S、K^+、Na、Cl^-、F 等)。上侵过程中热力、动力和矿化剂的作用,同时也加热了岩体周围的地下水,变热而环流的地下水浸滤出围岩中大量的Ag、Ag 等成矿物质而形成富含矿质的热流体。由于在岩浆分异过程中的强烈钾、钠质交代作用和矿化作用,大量矿质进入含矿热水溶液并富集到岩浆期后,形成了高盐度的成矿溶液,进入整个成矿构造系统的物质循环中,并富集于张扭构造裂隙带内,形成含金石英脉群,构成大型海沟金矿床。在成矿系统中韧—脆性构造带处于相对开放的环境,随着体系的物理化学条件的改变,矿质沉淀富集成矿,形成松江河金矿床。岩浆侵入古生代—中生代一套火山-沉积岩系(矿源层),为成矿提供了矿源及热源和热液,活化矿源层中的成矿物质,使其迁移于有利的构造空间,富集形成工业矿体,形成火山岩型金及多金属矿床。

(六)五凤-百草沟 Au–Cu–Ag–Pb–Zn–Fe 成矿带(Ⅲ-55-⑥)

1. 成矿地质条件及成矿特征

该成矿带位于兴凯地块南缘的延边中生代火山岩带上,为一东西向的金铜成矿带,以金为主的金铜矿产主要受东西向火山-次火山岩带控制,划分了1个Ⅴ级找矿远景区,即五凤-百草沟 Au–Cu–Ag–Pb–Zn–Fe 找矿远景区(Ⅴ17)。

区域出露地层主要有二叠系开山屯组、可岛组、庙岭组、解放村组砾岩、砂岩、碳酸盐岩等;三叠系大兴沟群一套中酸性火山岩;侏罗系金沟岭组、屯田营组陆相中酸性火山岩类;白垩系长财组含煤碎屑岩类,分布局限。与金矿床的形成有成因联系的地层主要是中生代晚侏罗世、早白垩世火山岩地层。晚侏罗世火山岩地层是矿体的主要围岩,金丰度接近地壳的平均值,矿体明显受火山机构及经火山作用改造的某些次级断裂控制。已知有五凤-五星山、刺猬沟、闹枝等多处小型金矿床及众多的金、铜、铅锌矿点及矿化点。成矿时代为燕山期,成因类型以火山热液型为主,次为岩浆热液型。该成矿带地质及矿产特征见图 4-10。

2. 成矿作用及演化

中生代以来进入滨太平洋板块的活化阶段,形成一系列大型走滑剪切深大断裂带,沿此构造带形成热幔柱构造环境。热幔柱的上升导致底侵作用的产生,热幔柱在深处首先交代和部分熔融岩石圈地幔,形成初始玄武质岩浆。初始玄武质岩浆在上升过程中及地幔岩浆房分别发生橄榄石和辉石的分离结晶作用,其成分转化为玄武安山质或安山质高钾钙碱性火山岩系的成岩母岩浆。成岩母岩浆沿剪切构造带进入地壳并结晶形成偏碱质的钙碱性火山岩系。当深源流体及气体状态 Au、Ag、Cu 等元素随地幔热柱向上运移到较浅部位,一部分气体转变为液相,形成气液混合相的幔源混合流体,并沿火山通道网络向上运移,岩浆多旋回喷发、多期次侵入,后期富含成矿物质的次火山岩和含矿热液的持续上侵,交代火山岩系,与地表异源环流水结合,沿火山机构及脆性断裂贯入成矿。

(七)天宝山-开山屯 Pb–Zn–Au–Ag–Ni–Mo–Cu–Fe 成矿带(Ⅲ-55-⑦)

1. 成矿地质条件及成矿特征

该成矿带处于晚古生代庙岭-开山屯裂陷盆地的南段,划分了1个Ⅴ级找矿远景区,即天宝山-开山

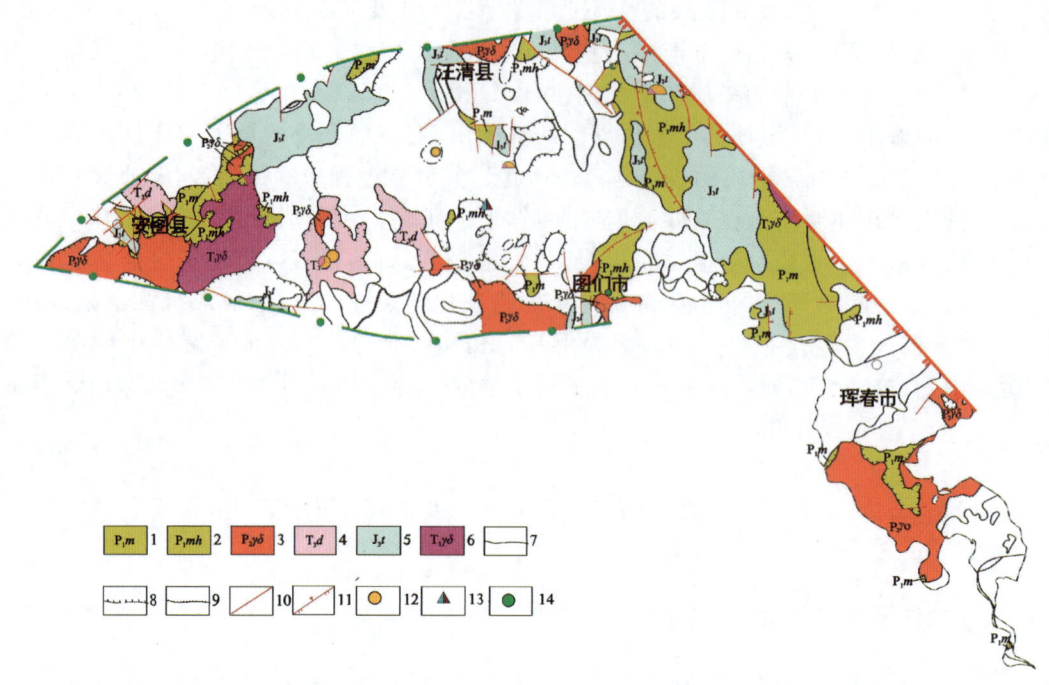

图 4-10　五凤-百草沟成矿带(Ⅲ-55-⑥)区域地质矿产图
1.庙岭组;2.满河组;3.晚二叠世花岗闪长岩;4.大兴沟群;5.屯田营组;6.花岗闪长岩;7.地质界线;8.超动接触界线;9.角度不整合界线;10.断层;11.逆断层倾向;12.金矿;13.铅锌矿;14铜矿

屯 Pb-Zn-Au-Ag-Ni-Mo-Cu-Fe-Cr 找矿远景区(Ⅴ18)。

该成矿带出露的火山岩建造有晚三叠世托盘沟期火山岩、晚侏罗世屯田营期火山岩、早白垩世金沟岭期火山岩。沉积-变质岩建造有新元古界长仁大理石;新元古界万宝岩组变质细砂岩与变质粉砂岩互层夹大理岩透镜体、青灰色红柱石二长片岩;上石炭统天宝山组结晶灰岩、砂屑灰岩;下白垩统大砬子组砾岩、砂岩。侵入岩比较发育,有晚二叠世二长花岗岩;晚三叠世闪长花岗岩、石英闪长岩、石英二长岗岩、二长花岗岩;早侏罗世花岗闪长岩、二长花岗岩、花岗斑岩、碱长花岗岩;早白垩世石英闪长玢岩。区内铅锌矿成矿与多种建造有关,矽卡岩型与晚石炭世天宝山组灰岩建造和晚三叠世石英闪长岩有关,爆破角砾岩筒型与晚三叠世流纹岩、英安岩夹火山碎屑岩建造有关,热液充填型与晚三叠世至早白垩世的石英闪长岩、二长花岗岩及早白垩世花岗闪长岩的关系密切。总的说来,区内侵入岩自晚三叠世至早白垩世,具多期次活动的特征。区域重要的控矿断裂为两条北西向断裂和两条东西向断裂,北西向断裂与东西向断裂的交会部位是成矿的有利部位,天宝山铅锌矿立山坑就位于北西向与东西向断裂的交会处。后底洞地区处于和龙地块与兴凯地块之间的复合部位,一部分金矿体产于中二叠统庙岭组砂岩、粉砂岩中,另一部分金矿体产于上三叠统柯岛群滩前组砂岩、粉砂岩中,还有一部分金矿体产于下白垩统金沟岭组中性火山岩和火山碎屑岩中,上述赋含金的岩石具有一个共同的特性,就是均具有一定程度的蚀变作用,蚀变源于区内发育的断裂构造和韧性剪切带。图们江断裂带造成区内古生代地层及中生代地层及侵入岩的局部地段出现挤压、破碎、片理化,形成在破碎带中的岩石蚀变现象普遍。长仁—獐项地区出露有下古生界寒武系—奥陶系(相当原青龙村群),是本区含镍基性、超基性岩体群的主要围岩。长仁—獐项的超基性岩体群由多个小岩株组成,岩性有橄榄岩、二辉橄榄岩、二辉岩、含长二辉岩、次闪石化辉岩等,与铜、镍成矿关系极为密切。基性岩主要分布在新东村、长仁、柳水坪、獐项等地,由 9 个小岩株构成基性岩体群,岩性为辉长岩、角闪辉长岩等。

区内的矿产类型主要有金、铜、镍、铅锌、钼、铁、铬等,有大型多金属矿床1处,铜矿点1处,中型镍矿1处,小型镍矿1处,小型金矿2处,小型铁矿1处,铬铁矿点1处。该成矿带地质及矿产特征见图4-11。

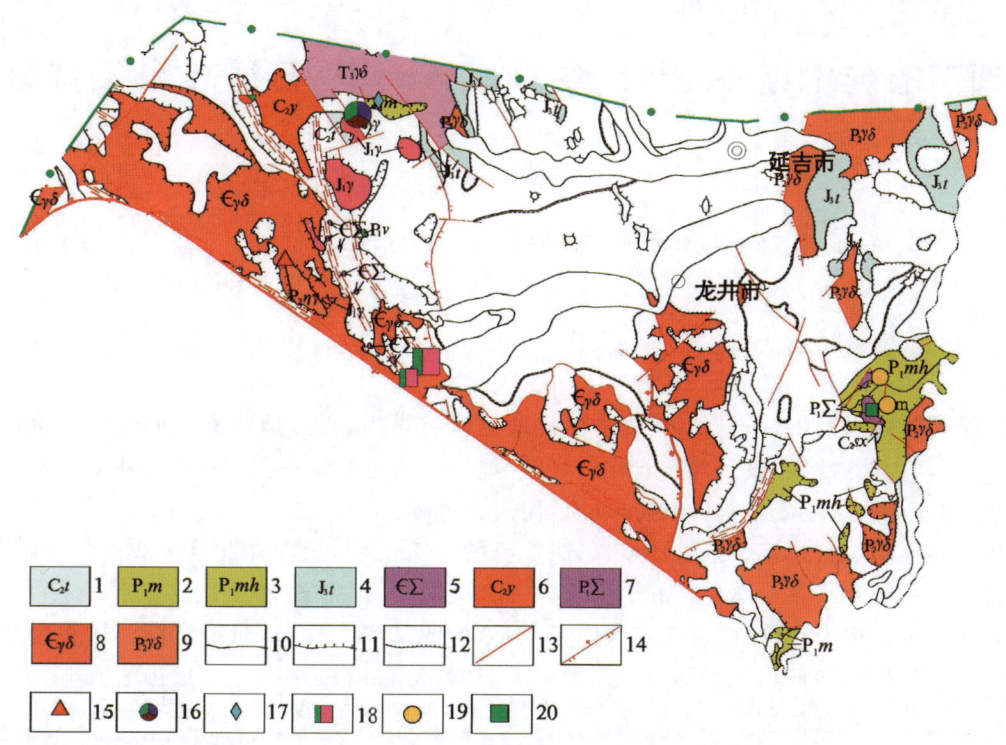

图 4-11　天宝山-开山屯成矿带(Ⅲ-55-⑦)区域地质矿产图

1.天宝山组;2.庙岭组;3.满河组;4.屯田营组;5.寒武纪未分的超基性岩;6.晚石炭世花岗岩;7.早二叠世未分的超基性岩;8.寒武纪花岗闪长岩;9.晚二叠世花岗闪长岩;10.地质界线;11.超动接触界线;12.角度不整合界线;13.断层;14.逆断层倾向角;15.铁矿;16.多金属矿;17.钼矿;18.镍矿;19.金矿;20.铬铁矿

2. 成矿作用及演化

加里东晚期—海西早期,褶皱区回返隆起,古断裂及次级断裂构造活动加剧,上地幔初始岩浆沿古洞河深大断裂上侵,并集聚形成地下岩浆房。在地壳相对稳定时期,岩浆房内超镁铁质熔浆开始分异或熔离,Cu、Ni 元素局部集中,在多期次继承性构造活动作用下,发生了物质成分不同的多期侵入体或复合侵入体。经过一定分异的贫硫化物熔浆一次侵位后,由于外界条件的改变,熔浆自身发生分层熔离,即就地重结晶作用,并在重力作用下形成底部、中部矿体。当贫硫化物熔浆一次侵位结束后,由于深部岩浆房分异作用的继续进行,在岩浆房及至岩体底部,生成了晚期富硫残余熔浆沿构造裂隙贯入,形成晚期熔离贯入式矿床。

晚古生代石炭纪—二叠纪沉积形成了一套火山碎屑岩-碳酸盐岩建造,形成了富含金及多金属元素的矿层或矿源层,并且部分含矿层及其围岩碳酸盐矿物组分较高,有利于热液的交代作用。海西期、印支期、燕山期中酸性花岗岩浆上侵到石炭系—二叠系,在接触带形成矽卡岩型多金属矿体,在远离岩体的地层内形成构造蚀变型金矿体。燕山期中酸性岩浆上侵,携带大量的成矿物质,随着岩浆演化成矿组分逐渐在热液中富集,在区域应力场作用下迁就、追踪原张裂隙,形成以张扭为主,伴压扭、扭性的缓倾斜裂隙群,在各方向的构造空间内形成热液充填型矿体。深部富含挥发分及 H_2O 的气热液流体上升富集于靠近地表处,由于上覆盖层急剧降压,使之发生隐爆形成角砾岩筒,后又发生多次热液活动形成爆破角砾岩筒型矿体。

第四节　佳木斯-兴凯(地块)Fe-Au-P-石墨-夕线石成矿带

一、地质构造背景演化及成矿特征

(一)成矿地质构造环境及其演化

该成矿带位于吉黑造山带,吉林-延边古生代增生褶皱带内,兴凯地块南缘的延边中生代火山岩带上,总体上为被动大陆边缘。该区地质演化过程较为复杂,经历新元古代—古生代古亚洲构造域多幕陆缘造山阶段、中新生代滨太平洋构造域阶段的地质演化过程。

早古生代该区为拉张过渡型地壳环境,形成广泛的广海沉积,沿古陆北部边缘附近的塔东-五道沟裂陷槽内沉积形成了寒武系—奥陶系五道沟岩群一套火山岩-碎屑岩-碳酸盐岩建造。晚古生代是下古生界褶皱基底之上陆表海环境内,沉积范围明显缩小,形成陆间海构造环境,沉降作用强度和深度显著减弱,火山裂陷带是主要特点,沉积形成了二叠系关门嘴子组、解放村组一套火山岩-碎屑岩-碳酸盐岩建造。在早古生代裂陷已固结褶皱的陆缘,有一套富含铜的中性岩浆侵入,对成矿有重要的意义。

中生代以来,该区进入滨太平洋构造域的演化阶段,受太平洋板块向欧亚板块的俯冲作用的影响。晚三叠世早期,沿两江构造形成安图两江-汪清天桥岭幔源侵入岩带,主要沿两江断裂带的北段呈小岩株状出露,岩性为一套碱性辉长岩、角闪正长岩、石英正长岩、碱长花岗岩组合,以铁、钒、钛、磷成矿作用为主。晚三叠世中晚期形成钙碱性岩系侵位,构成了和龙三合-珲春-东宁老黑山晚三叠世花岗岩带,岩性为闪长岩-石英闪长岩-花岗闪长岩-二长花岗岩组合,以金、铜、钨成矿作用为主,代表性矿床有小西南岔金铜矿、杨金沟钨矿。与此同时,伴生有大量火山喷发,形成一系列火山盆地,两者共同构成了滨西太平洋的晚三叠世岩浆弧,与之相关的次火山岩具有金及多金属成矿作用。早—中侏罗世基本上继承了晚三叠世岩浆弧的特点,但火山作用不明显,未见有火山岩及沉积岩层,而钙碱性侵入岩较发育,岩性为闪长岩-石英闪长岩-花岗闪长岩-二长花岗岩-碱长花岗岩组合。晚侏罗世岩浆作用以火山喷发为主,形成一套钙碱性火山岩系(屯田营组),侵入岩仅在火山盆地周边局部发育,具有次火山岩的特点。早白垩世,随着欧亚板块的向外增生,受太平洋板块俯冲的远距离效应的影响,地壳明显处于拉分作用的状态,具有向裂谷系方向演化的特点,形成一系列断陷盆地,沉积了一系列陆相含煤建造(长财组)、偏碱性火山岩建造(泉水村组)及含油建造(大拉子组),同时伴生有碱性花岗岩侵入。晚白垩世盆地的裂谷性质已趋成熟,其中罗子沟等盆地发现有覆盖在大拉子组之上的一套安山玄武岩-流纹岩组合,具有双峰式火山岩的特点,而龙井组可能代表了该时期的类磨拉石建造。晚侏罗世—白垩纪是吉黑造山带的一个重要成矿期,成矿以金、铜为主,矿产地众多,代表性的有刺猬沟金矿、九三沟金矿等。

新生代以来火山作用加剧,火山喷发物为一套裂谷型大陆拉斑玄武岩-碱性玄武岩-粗面岩-碱流岩组合,以及少量河湖相砂砾岩夹硅藻土。第四纪沉积形成了全新统Ⅰ级阶地及河漫滩堆积,成分为冲洪积砂砾石、粗砂、亚砂土、亚黏土等。

（二）成矿特征

1. 矿床类型及时空分布特征

区内已知的矿产主要有铁、金、银、铜、钼、钨、煤等。矿床（点）类型主要为岩浆热液型、斑岩型、火山岩型、矽卡岩型、砾岩型、沉积型等。众多的矿床、矿点主要分布在海西晚期、印支期、燕山期花岗岩侵入岩体内或其周围。成矿时代主要为中生代。

2. 成矿系列及矿床式划分

通过以往成矿系列划分成果，结合本次矿产资源潜力评价的研究，对该成矿带成矿系列进行了初步的厘定，划分了1个成矿系列类型，3个成矿系列，5个矿床式。

二、Ⅳ级成矿带成矿特征

该区划分了1个Ⅳ级成矿带，即新华村-小西南岔 Au-Cu-W-Pb-Zn-Ag-Fe-Mo-Pt-Pd 成矿带（Ⅲ-53-⑤）；3个Ⅴ级找矿远景区，即新华村 Pb-Zn-Ag-Fe-Mo-Au-Cu 找矿远景区（Ⅴ19）、九三沟-杜荒岭 Au-Cu-Ag 找矿远景区（Ⅴ20）、小西南岔-农坪 Au-Cu-W-Pt-Pd 找矿远景区（Ⅴ21）。

1. 成矿地质条件及成矿特征

该成矿带位于延边中生代火山构造岩浆岩带上。出露地层主要有上古生界五道沟岩群斜长角闪片麻岩、斜长角闪岩、石墨云母片岩、二云片岩、千枚岩、红柱石板岩、夕线石板岩夹少量大理岩，五道沟群和晚期中基性次火山岩中 Au、Cu 等成矿元素高于同类岩石克拉克值的2～4倍；二叠纪砾岩、砂岩夹薄层灰岩、中酸性火山岩、凝灰岩等；上三叠统托盘沟组安山岩、英安岩及中酸性火山碎屑岩，马鹿沟组细砂岩，含砾砂岩，天桥岭组流纹质和英安质火山岩、火山碎屑岩；下白垩统刺猬沟组安山岩、英安岩及火山碎屑岩；第三系老爷岭组橄榄玄武岩、气孔状玄武岩，土门子组巨粒质中粗砾岩、中细砾岩、砂岩、黏土岩夹玄武岩；第四纪全新统Ⅰ级阶地及河漫滩堆积，为冲洪积砂砾石、粗砂、亚砂土、亚黏土等。区内侵入岩发育，并且在区域上显示出具有多期、多阶段性特点，主要有海西晚期斜长花岗岩、黑云母斜长花岗岩、闪长岩、石英闪长岩；印支期细粒闪长岩、石英闪长岩、斜长花岗岩、花岗闪长岩；燕山期闪长岩、石英闪长岩、花岗岩、花岗闪长岩。区内发育东西向、北东向、北北西向及南北向断裂，它们具多期活动的特征，不同期次的断裂往往被不同阶段的岩脉、矿脉所充填，相互叠加或穿插。北东向、北北西向断裂是主要的控矿和储矿构造，已知有小西南岔大型金铜矿床及多处小型金铜矿床、矿点。

1）新华村 Pb-Zn-Ag-Fe-Mo-Au-Cu 找矿远景区（Ⅴ19）

（1）地质特征：区域出露有上二叠统庙岭组中所夹火山碎屑岩、凝灰岩；上三叠统托盘沟组安山岩、英安岩及中酸性火山碎屑岩，天桥岭组流纹质和英安质火山岩、火山碎屑岩；下白垩统刺猬沟组安山岩、英安岩及火山碎屑岩，金沟岭组玄武岩、玄武安山岩及火山碎屑岩；第三系老爷岭组橄榄玄武岩、气孔状玄武岩等。北东向断裂构造与成矿有关，是主要的控矿和储矿构造。区内侵入岩发育，并且在区域上显示出具有多期、多阶段性特点，有二叠纪花岗石英闪长岩、二长花岗岩；三叠纪花岗闪长岩、二长花岗岩；早侏罗纪花岗闪长岩、二长花岗岩等。上述侵入岩在区域上构成大致呈近北东向带状展布的花岗岩浆岩带。

（2）矿产特征：小型钨矿1处，小型铁矿物1处，小型金矿2处，金矿点1处，铜矿点1处，铁矿点5处。区内与已知矿产有关的含矿建造为火山岩建造，已知矿点成矿类型均为火山型成矿。

2)九三沟-杜荒岭 Au-Cu-Ag 找矿远景区（Ⅴ20）

(1)地质特征：位于延边中生代火山构造岩浆岩带上，区域建造以陆相火山岩建造和侵入岩浆建造为主。出露有托盘沟组流纹质含角砾凝灰熔岩、流纹岩、安山质含角砾凝灰熔岩夹安山质凝灰岩、安山岩、安山质角砾凝灰熔岩、安山质角砾岩和安山集块岩。在托盘沟组保留有 3 处火山机构，其中西南岔西山的火山岩（安山集块岩、安山质角砾熔岩和安山质凝灰角砾岩等），均为爆发相近火山口的堆积物，火山口在北西向和北东向断裂的交会处。杜荒子北岩火山口主要岩性为安山质熔结角砾岩，亦受北东向和北西向断裂的交会部位控制。此外，该区还出露下白垩统刺猬沟组安山岩、英安岩、含角砾安山岩；金沟岭组安山岩、安山质角砾凝灰岩、安山质集块岩、安山质角砾岩、安山质凝灰角砾岩、闪长玢岩等。金沟岭组火山岩中保留有 7 处火山机构，其中以杜荒岭、雪岭为代表的 4 处火山口以安山质集块岩为主，另有 3 处火山口被闪长岩或次安山岩充填。7 处火山机构均受北东向、北西向断裂交会部位控制。区内侵入岩比较发育，主要有晚三叠世闪长岩、石英闪长岩、花岗闪长岩、二长花岗岩；早侏罗世闪长岩、花岗闪长岩、二长花岗岩、碱长花岗岩；早白垩世辉长岩、石英闪长岩。区内闪长玢岩脉、石英脉和次火山岩与金的成矿关系密切。区内断裂构造比较发育，有东西向、南北向、北东向和北西向，断裂具有多期、多次活动的特点，多数延伸距离很短，而且分布相对比较分散，对区内金成矿作用和矿化蚀变起到了控制和促进作用，已知金矿床、金矿点恰好位于东西向、北北西向断裂的交会部位。

(2)矿产特征：有九三沟小型金矿床及多处矿点、矿化点，成因类型主要为陆相火山岩型。小型金矿 3 处，小型铜矿 1 处，小型铁矿 1 处；金（铜）矿点 2 处，铜矿点 1 处，多金属矿点 1 处，砂金矿点 1 处。

3)小西南岔-农坪 Au-Cu-W-Pt-Pd 找矿远景区（Ⅴ21）

(1)地质特征：与金、铜成矿关系密切的地层为五道沟岩群马滴达岩组、杨金沟岩组、香房子岩组变质岩系。马滴达岩组为变质砂岩、变质粉砂岩夹变质英安岩；杨金沟岩组为角闪石英片岩、角闪黑云片岩、黑云石英夹薄层状变质英安岩；香房子岩组为红柱石二云石英片岩、含榴石黑云石英片岩、红柱石二云片岩、角闪石英片岩夹变质细砂岩。金矿多产于五道沟岩群变质岩系中或其边缘地带，推测该套变质岩系很可能是金矿的矿源层。区内的断裂构造十分发育，有东西向、北北东向、北西向和南北向 4 组。已知金矿床、矿点、矿化点均受上述 4 组断裂构造控制，4 组断裂的交会部位是成矿最有利的部位，已知大型金矿床处在断裂的交会部位。北北东向断裂和东西向断裂是控矿构造，北西向断裂是容矿构造。其中有二叠纪闪长岩、花岗闪长岩；三叠纪闪长岩、花岗闪长岩、二长花岗岩。脉岩形成于侏罗纪、白垩纪。中二叠世闪长岩和晚三叠世花岗闪长岩是矿体的直接围岩之一，该两期岩浆热液可能带来金成矿的有益组分。酸性次火山隐伏岩体（花岗斑岩类岩体）中含矿。闪长玢岩、石英闪长岩小岩株（脉）和花岗斑岩脉在时空关系上与成矿关系最为密切，矿体产于其上下盘或穿插于其中。

(2)矿产特征：大型金矿 2 处，中型 1 处，小型 7 处，矿点 16 处；小型砂金矿 10 处，矿点 3 处；小型铁矿 3 处，矿点 4 处；铜矿点 3 处；小型铀矿 1 处，矿点 1 处；大型钨矿 1 处，矿点 1 处；锡矿点 1 处；铂钯矿点 1 处。

2. 成矿作用及演化

早古生代该区为拉张过渡型地壳环境，形成广泛的广海沉积，沉积形成了寒武系—奥陶系五道沟岩群一套火山岩-碎屑岩-碳酸盐岩建造，地层中 Au、Cu 等成矿元素含量较高。晚古生代为陆间海构造环境，沉降作用强度和深度显著减弱，沉积形成了二叠系一套火山岩-碎屑岩-碳酸盐岩建造。在早古生代裂陷已固结褶皱的陆缘，有一套富含铜的中性岩浆侵入。进入中生代后，由于受环太平洋活动带影响，火山岩-岩浆活动强烈，沿近东西向和北东向深大断裂带喷发、侵入大量的中基性—酸性火山岩及花岗岩类。大量的火山喷发形成了一套钙碱性火山岩系，这些火山岩地层金丰度较高。岩浆侵入阶段形成了次火山岩及小侵入体，金丰度较高。伴随火山活动形成了一系列破火山口周围的幅射状、环状构造，以及火山喷发和次火山岩侵入之后由区域构造应力场作用产生的断裂构造，形成了良好的控矿和储矿构造。继之而来的火山热液活动，使含矿热液沿构造向地表运移，将大量 K、Na、Fe 元素带入围岩，形成了绢云母化、硅化和黄铁矿化围岩蚀变，同时络合物解体，金开始沉淀成矿，形成了（刺猬沟式）火山热液型金矿,代表性的有刺猬沟金矿、九三沟金矿等。当岩浆侵入到五道沟岩群后,五道沟岩群中的金受岩浆热液驱动为矿床的形成提供了部分成矿物质,同时也从地壳深处随岩浆上侵带来了大量 Au、Cu 等有用元素,并经历了从高温到低温的过程,在中温、低压、强还原性和碱性热水溶液下,形成易溶的稳定络合物迁移、富集。当溶液内碱性向酸性演化接近中性环境时,络合物开始电离、解体,含矿的热液在张扭性断裂构造空间内,金和其他金属硫化物及二氧化硅开始沉淀成矿。代表性矿床为小西南岔金铜矿。

该成矿带区域成矿模式见图 4-12,地质及矿产特征见图 4-13。

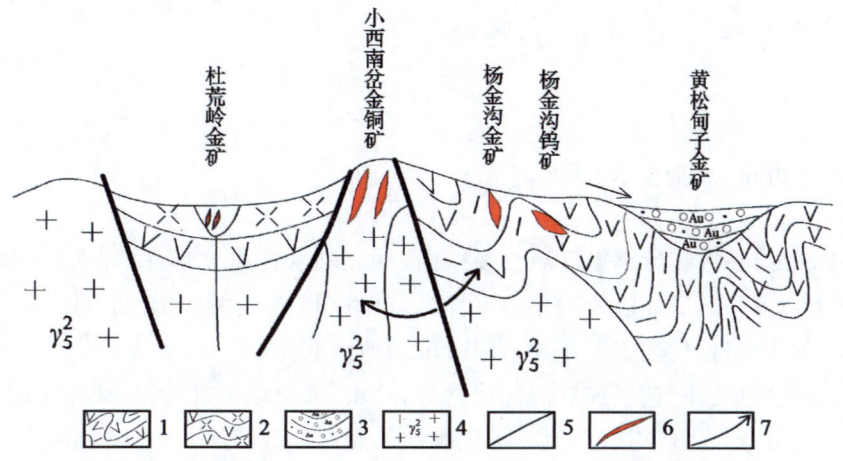

图 4-12 新华村-小西南岔成矿带(Ⅲ-53-⑤)区域成矿模式图

1.下古生界五道沟岩群变质碎屑岩;2.中生代陆相中酸性火山-沉积建造;3.古近系土门子组砾岩、砂岩;4.燕山期花岗岩类;5.深大断裂;6.矿体;7.成矿物质、热液运移方向

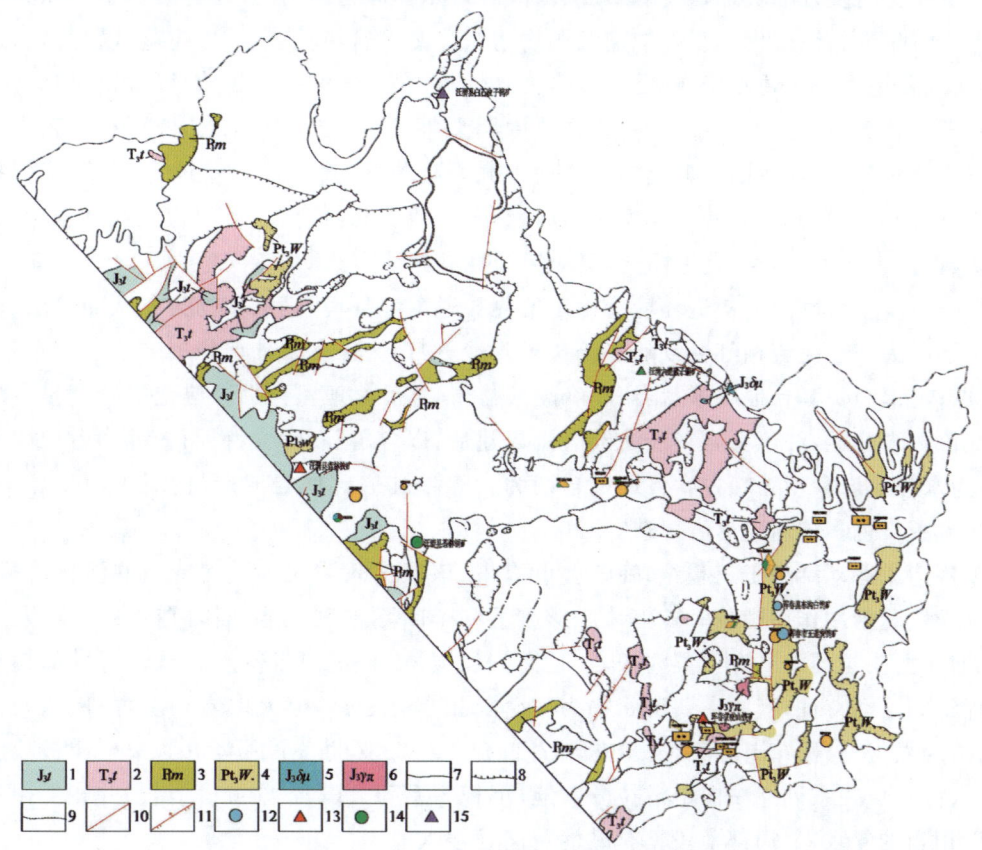

图 4-13 新华村-小西南岔成矿带(Ⅲ-53-⑤)区域地质矿产图

1.屯田营组;2.托盘沟组;3.庙岭组;4.五道沟岩群;5.闪长玢岩;6.花岗斑岩;7.地质界线;8.超动接触界线;9.角度不整合界线;10.断层;11.逆断层倾向;12.岩浆热液型钨矿;13.铁矿;14.铜矿;15.矽卡岩型钨矿

第五节 辽东(隆起)Fe-Cu-Pb-Zn-Au-U-B-菱镁矿-滑石-石墨-金刚石成矿带

一、地质构造背景演化及成矿特征

(一)成矿地质构造环境及其演化

该成矿带位于辉发河-古洞河超岩石圈断裂以南,华北陆块的东北部龙岗复合地块中,地质演化过程较为复杂,经历太古宙陆块形成阶段、古元古代陆内裂谷(坳陷)阶段、新元古代—古生代古亚洲构造域多幕陆缘造山阶段、中新生代滨太平洋构造域阶段的地质演化过程。

新太古代形成的多个陆块,包括夹皮沟地块、白山地块、清原地块(柳河)、板石沟地块、和龙地块等,新太古代末期的构造拼合作用使得吉南地区形成统一的龙岗复合陆块,其表壳岩都为一套基性火山-硅铁质建造(以含铁、含金为特征),变质深成侵入体为石英闪长质-英云闪长质-奥长花岗质片麻岩、变质二长花岗岩与变质角闪石岩、辉长岩等。成矿以铁、金为主。

古元古代早期龙岗复合陆块开始裂解形成裂谷,裂谷主体即为所谓的"辽吉裂谷带",以赤柏松岩体群侵位为标志,并伴有铜、镍矿化。裂谷早期沉积物为一套蒸发岩-基性火山岩建造,以含铁、硼、石墨为特征;裂谷中期沉积物为一套硬砂岩、钙质硬砂岩夹基性火山岩、碳酸盐岩建造,以含铅、锌为特点,上部为一套高铝复理石建造,以含金为特点。古元古代中期裂谷闭合,伴有辽吉花岗岩侵入,完成了区域地壳的二次克拉通化;古元古代晚期已形成的克拉通地壳发生坳陷,形成坳陷盆地,其早期沉积物为一套石英砂岩建造;中期为一套富镁碳酸盐岩建造,以含镁、金、铅、锌为特点。上部为一套页岩-石英砂岩建造,富含金、铁、铜。古元古代末期盆地闭合,见有巨斑状花岗岩侵入。

新元古代—古生代吉南地区构造环境为稳定的克拉通盆地环境,其沉积物为典型的盖层沉积,其中新元古代地层下部为一套河流相红色复陆屑碎屑岩建造;中部为一套单陆屑碎屑岩建造夹页岩建造,以含金、铁为特点;上部为一套台地碳酸盐岩-藻礁碳酸盐岩-礁后盆地黑色页岩建造组合。早古生代地层下部为一套红色页岩建造,红色页岩夹浅海碳酸盐岩建造,以含磷、石膏为特征;上部为台地碳酸盐岩建造,大多可作为水泥灰岩利用。晚古生代地层早期为含煤单陆屑碎屑岩建造,构成了浑江煤田的主体,晚期为一套河流相红色多陆屑碎屑岩建造。

古亚洲多幕造山运动结束于三叠纪,晚三叠世以来,该区进入滨太平洋构造域的演化阶段,受太平洋板块向欧亚板块的俯冲作用影响,吉南地区形成了多个断陷含煤盆地,同时在长白地区发育有长白组火山岩,在通化龙头村等地见有石英闪长岩-花岗闪长岩-二长花岗岩侵入。早侏罗世的构造活动基本继承晚三叠纪的活动特征,其中主要沉积物为一套陆相含煤建造,但火山岩不发育;侵入岩为一套石英闪长岩-花岗闪长岩-二长花岗岩-白云母花岗岩组合。中侏罗世—早白垩世受太平洋板块斜向俯冲作用的影响,区内形成一系列北东向走滑拉分盆地,沉积一系列火山岩-陆源碎屑岩,并相伴出现有一套岩石地球化学相当的侵入岩,局部地段见有碱性花岗岩侵入。

新生代以来火山作用加剧,火山喷发物为一套裂谷型大陆拉斑玄武岩-碱性玄武岩-碱流岩组合,以及少量河湖相砂砾岩夹硅藻土。

（二）成矿特征

1. 矿床类型及时空分布特征

区内已知的矿产主要有铁、金、银、铜、钴、镍、钼、铅锌、硫铁、硼、磷、镁、石墨、滑石、石膏、煤等。矿床（点）类型主要为绿岩型、沉积变质型、沉积型、基性—超基性岩浆熔离-贯入型、斑岩型、岩浆热液型、岩浆热液改造型、热液改造型、热液充填型等。众多的矿床、矿点主要分布在龙岗复合陆块周边及辽吉古元古代裂谷内，大多分布在中条期、海西晚期、印支期、燕山期花岗岩侵入岩体内或其周围。自老到新各时代都有成矿。

近几年新发现的白山市江源区五道羊岔铁矿，位于四方山-板石铁找矿远景区内，为与岩浆作用有关的基性—超基性岩浆熔离-贯入型矿床，赋矿岩石为太古宙变质基性—超基性岩。

2. 成矿系列及矿床式划分

通过以往成矿系列划分成果，结合本次矿产资源潜力评价的研究，对该成矿带成矿系列进行了初步的厘定，划分了1个成矿系列类型，5个成矿系列，32个矿床式。

二、Ⅳ级成矿带成矿特征

（一）铁岭-靖宇（次级隆起）Fe-Au-Ag-Cu-Pb-Zn成矿带（Ⅲ-56-①）

1. 成矿地质条件及成矿特征

该成矿带位于两大构造单元分界线辉发河-古洞河超岩石圈断裂以南，龙岗复合陆块的北缘。西起柳河安口，向东经板庙子至金城洞一带，呈带状展布，划分了8个Ⅴ级找矿远景区。

1）山城镇-安口镇Au-Fe-Cu找矿远景区（Ⅴ22）

（1）地质特征：位于龙岗复合陆块的北缘柳河-清源地块，区域出露地层有新太古代表壳岩（也称花岗-绿岩地体）和TTG（英云闪长岩、奥长花岗岩、花岗闪长岩）；南华系细河群南芬组紫色、灰绿色页岩、粉砂质页岩夹泥灰岩；震旦系桥头组、万隆组碎屑灰岩、藻屑灰岩、泥晶灰岩，八道江组浅色碎屑岩和灰岩、叠层石灰岩、藻屑灰岩夹硅质岩；下寒武统碱厂组、馒头组，中寒武统张夏组，上寒武统崮山组、炒米店组碎屑岩-碳酸盐岩建造；下奥陶统冶里组、亮甲山组海相碳酸盐岩建造；中侏罗统小东沟组、上侏罗统鹰嘴拉子及下白垩统石人组、小南沟组碎屑岩建造。在香炉碗子一带，有沿断裂带分布的超浅层侵入岩，称香炉碗子酸性火山岩，产有香炉碗子式火山型金矿床。燕山期构造主要为东西向、南北向、北东向、北西向及北北西向、北北东向脆性断裂构造。尤其东西向构造、南北向构造是区域上的主要控岩和控矿断裂构造。区内侵入岩不发育，仅见有古元古代辉长岩、二辉橄榄岩、巨斑状花岗岩，早白垩世碱长花岗岩，脉岩仅有闪长玢岩出露。

（2）矿产特征：中型金矿1处，小型金矿3处，小型砂金矿2处，金矿点3处，小型铁矿7处。代表性矿床为梅河口市香炉碗子金矿床。

2）辉南-抚民Au-Fe找矿远景区（Ⅴ23）

（1）地质特征：位于龙岗复合陆块的北缘会全栈地块，呈带状展布。出露地层为新太古界，由表壳岩

(也称花岗-绿岩地体)和TTG(英云闪长岩、奥长花岗岩、花岗闪长岩)组成,表壳岩岩性主要有斜长角闪岩、黑云变粒岩、角闪磁铁石英岩及少量超镁铁质变质岩,其原岩为镁铁质火山岩、长英质火山岩及硅铁质和碎屑沉积,并有少量超镁铁质侵入岩;南华系钓鱼台组灰白色石英砂岩、含海绿石石英砂岩、含赤铁矿石英砂岩;侏罗系长安组紫色、黄色砾岩杂色砂岩、页岩、粉砂岩夹煤;白垩系安民组灰色安山岩;新近系船底山组深灰色玄武岩、气孔状玄武岩等。燕山期构造主要为东西向、南北向、北东向、北西向及北北西向、北北东向脆性断裂构造,东西向构造、南北向构造是区域上的主要控岩和控矿断裂构造。区内侵入岩不发育,主要为中侏罗世灰白色石英闪长岩、早白垩世肉红色碱长花岗岩,构成大致近北东向展布的敦密构造岩浆岩带。

(2)矿产特征:小型金矿2处,金矿点10处,小型铁矿8处,磷矿点1处。

3) 王家店-那尔轰 Au-Cu-Fe-Ni 找矿远景区(V24)

(1)地质特征:区域出露地层有中太古界四道砬子河岩组斜长角闪岩、黑云变粒岩、石榴二云片岩夹磁铁石英岩;上侏罗统—下白垩统石人组的砾岩、砂岩、凝灰质砂岩、碳灰页岩夹煤;下白垩统那尔轰组灰白色流纹岩夹流纹质凝灰角砾岩;新近系上新统军舰山组橄榄玄武岩、致密块状玄武岩。区域侵入岩有晚侏罗世花岗闪长岩、早白垩世花岗斑岩。早白垩世花岗斑岩分布于天合兴—刺秋岭村一带,呈岩株状产出,总体走向近南北向,长16km,平均宽900m。天合兴铜矿产于其中,早白垩世花岗斑岩的侵入可以带来含Cu的有益组分,亦可活化集中Cu的有益组分而成矿。区内的那尔轰-天合兴韧性剪切带糜棱岩化普遍发育,沿片理面有大量的同构造期的岩浆脉体贯入。基底的断裂构造是在早期深层次的塑性变形基础上逐渐演化为浅层次的脆性变形,在地质历史演化中继承和发展起来的复杂构造。燕山期构造主要为东西向、南北向、北东向、北西向及北北西向、北北东向脆性断裂构造,东西向构造、南北向构造是区域上的主要控岩和控矿断裂构造。

(2)矿产特征:小型铜矿2处,铜矿点2处,小型铁矿1处,铁矿点2处,小型金矿1处,金矿点1处,砂金矿点2处。代表性矿床为靖宇县天合兴铜钼矿床。

4) 夹皮沟 Au-Fe-Ni 找矿远景区(V25)

(1)地质特征:位于龙岗复合陆块北缘的夹皮沟地块,处于辉发河-古洞河深大断裂向北凸出的弧形顶部,呈北西向带状展布。出露地层为新太古界,由表壳岩(也称花岗-绿岩地体)和TTG(英云闪长岩、奥长花岗岩、花岗闪长岩)组成。表壳岩主要有斜长角闪岩、黑云变粒岩、角闪磁铁石英岩及少量超镁铁质变质岩,原岩为镁铁质火山岩、长英质火山岩及硅铁质和碎屑沉积,并有少量超镁铁质侵入岩。区内构造以韧性变质变形构造为主,构成夹皮沟大型韧性走滑型剪切带,总体呈北西向展布,局部呈近东西向展布。其次为脆性断裂构造,按照断裂构造在区内总体展布方向划分,主要有北东向和北西向,次为近东西向。区域韧性变质变形构造对含矿层起到控制作用,侵入岩较为发育并且具有多期、多阶段性特点。由老至新分别为新太古代变质英云闪长岩,早侏罗世石英闪长岩、花岗闪长岩、二长花岗岩,中侏罗世花岗闪长岩、二长花岗岩,早白垩世二长花岗岩。区域上大致呈近北东向展布的构造岩浆岩带。

(2)矿产特征:大型金矿2处,中型金矿4处,小型金矿10处,金矿点5处,大型铁矿1处,镍矿点1处,银矿点1处,铅锌矿点1处。代表性矿床为桦甸市夹皮沟金矿床、桦甸市老牛沟铁矿床。

5) 两江-金城洞 Au-Fe-Ag-Cu-Pb-Zn-Ni-Sb 找矿远景区(V26)

(1)地质特征:位于龙岗复合陆块北缘的官地地块。出露地层主要有新太古界表壳岩(也称花岗-绿岩地体)和TTG(英云闪长岩、奥长花岗岩、花岗闪长岩)。表壳岩岩性主要为斜长角闪岩、黑云变粒岩、角闪磁铁石英岩及少量超镁铁质变质岩,原岩为镁铁质火山岩、长英质火山岩及硅铁质和碎屑沉积,并有少量超镁铁质侵入岩。侵入岩有新太古代变质英云闪长岩,早二叠世英云闪长岩,早侏罗世花岗闪长岩、二长花岗岩、花岗斑岩,早白垩世石英二长岩。区内的脉岩比较发育,其中有闪长岩脉,闪长玢岩、花岗斑岩、煌斑岩、石英脉等,上述脉岩多形成于燕山期,与金成矿有比较密切的关系,燕山期岩浆活动带来含 Au 元素的岩浆,同时萃取围岩中的金而成矿。区内脆性断裂比较发育,主要有北东向、北西向和南北向 3 组。局部发育韧性剪切带。

(2)矿产特征:小型金矿 9 处,金矿点 18 处,小型砂金矿 1 处,中型铁矿 1 处,小型铁矿 3 处,铁矿点 7 处,镍矿点 1 处,银矿点 4 处,铅锌矿点 1 处。代表性矿床为和龙市金城洞金矿床、和龙市官地铁矿床。

6)百里坪 Ag-Fe-Cu-Mo 找矿远景区(Ⅴ27)

(1)地质特征:位于华北东部陆块北缘,二叠纪岩浆弧与中生代火山盆地群改造叠合部位。出露的地层主要有新太古界鸡南岩组黑云角闪变粒岩夹角闪岩及磁铁石英岩变质建造,属中温中压区域变质角闪岩相,原岩建造为中基性火山岩-沉积岩含硅铁建造,官地岩组黑云变粒岩和浅粒岩夹磁铁石英岩变质建造,原岩建造为中酸性火山岩-沉积岩含硅铁建造;中生代上侏罗统屯田营组蚀变安山岩、气孔杏仁状安山岩、下白垩统金沟岭组安山岩、角闪安山岩、上白垩统龙井组粗砂岩、细砂岩夹泥岩、泥灰岩;新近系船底山组橄榄玄武岩、块状玄武岩,军舰山组橄榄玄武岩、玄武岩,南坪组块状、气孔状玄武岩、拉斑玄武岩。区域断裂构造主要有近东向和北东向 2 组,近东西向构造为主要的导岩导矿构造,控制了多期的构造岩浆活动。区内的侵入岩比较发育,主要有大面积分布的晋宁期二长花岗岩、似斑状二长花岗岩,以及海西早期超基性—基性岩体群及海西晚期、燕山期中酸性花岗岩。脉岩比较发育,其中有闪长(玢)岩、花岗斑岩等。矿床主要赋存于百里坪复式岩体内,受北东向的韧性剪切带控制。

(2)矿产特征:小型钼矿 1 处,小型铁矿 1 处,金矿点 1 处,银矿点 1 处,萤石矿点 1 处。代表性矿床为和龙市百里银矿床、和龙市石人沟钼矿床。

7)二密-赤柏松 Cu-Ni-Fe 找矿远景区(Ⅴ28)

(1)地质特征:位于二密-英额布中生代火山-岩浆盆地及其南侧。区内地层以太古宙表壳岩为主,主要岩性为黑云斜长片麻岩、斜长角闪岩夹浅粒岩、透闪石岩及麻粒岩,变质程度较深,属高级角闪岩相与麻粒岩相,多被太古宙云英闪长岩侵入,仅以包体存在于云英闪长岩中。出露的火山岩有早期上三叠统长白组流纹岩-英安岩建造、中期中晚侏罗统果松组安山岩及其碎屑岩建造与晚期下白垩统三棵榆树组安粗岩-碱性流纹岩建造。沉积建造有细河群钓鱼台组铁质石英岩建造和石英砂岩建造,南芬组页岩夹泥灰岩建造,浑江群万隆组灰岩建造,中晚中生代小东沟组砂砾岩夹泥灰岩建造,鹰嘴拉子组钙质粉砂岩夹泥灰岩建造,林子头组凝灰质砂岩、凝灰质页岩互层夹砾岩建造,石人组砂岩夹煤建造。区域上北西向、北东向或北北东向断裂构造十分发育,它们不但控制了区域的构造岩浆活动,而且控制了含矿流体的区域分布和就位空间。二密地区侵入岩在空间上可划分为南、北、中 3 个带,北部柳南-曙光北西向花岗斑岩小侵入体群,南部的快大茂-干沟北西向花岗斑岩小侵入体群和中部的松顶山复合岩体群,岩石类型有石英闪长岩、石英二长闪长岩和花岗斑岩体,均呈小岩株或小岩滴状产出的浅成或超浅成(次火山岩)侵出体,燕山晚期松顶山复合岩体石英闪长岩、花岗斑岩岩体控矿,二密铜矿产于其中。赤柏松基性—超基性构造岩浆带北西成带,北东成脉,长 21km,宽 11km,有 11 个(条)基性—超基性岩体,还有众多的辉绿玢岩、闪长玢岩,部分辉长岩、橄榄辉长岩及碱性岩脉,分布在穹状背形的核部,多被古元古代以来的基性岩、超基性岩充填,显示多期活动特点。

(2)矿产特征:中型铜矿 1 处,中型铜镍矿 1 处,小型铜镍矿 2 处,小型铁矿 2 处,铁矿点 4 处。代表性矿床为通化县二密铜矿床、通化县赤柏松铜镍矿床。

8)四方山-板石 Fe 找矿远景区(Ⅴ29)

(1)地质特征:位于辽吉古陆块、龙岗古陆块与浑江坳陷盆地的接壤地带。区域出露地层主要为太古宇杨家店岩组黑云片麻岩夹斜长角闪岩及磁铁石英岩,呈残块保存于变质英云闪长质片麻岩之中,是沉积变质型铁矿的重要载体;四道砬子河岩组斜长角闪岩与黑云变粒岩互层夹磁铁石英岩。区内火山活动发生于晚中生代和新生代。前者见于白山市和江源县一带,呈北东向分布,有上侏罗统果松组、林子头组,属安山岩及其碎屑岩建造和流纹岩及其碎屑岩建造;后者分布于三岔子镇以北,呈岩背状分布,有新近系船底山组玄武岩、军舰山组玄武岩和全新世金龙顶子玄武岩。

区内侵入岩主要为新太古代（阜平期）的基性—超基性角闪石岩及角闪岩脉、辉长岩脉，为近几年新发现的白山市江源区五道羊岔铁矿（钒钛磁铁矿型）的主要赋矿岩体。中生代—新生代只有六道江镇北西分布的花岗斑岩类，在桥头组与万隆组之间呈脉状（似层状）产出，长约4km，其同位素测年资料为(31.6±13)Ma(SHRIMP锆石U-Pb)。区内区域应力作用下形成具有一定规模的多种变形构造，以脆性变形构造发育为特点，有韧性剪切带、断层（逆冲、走滑、正滑）、褶皱等构造。

(2)矿产特征：大型沉积变质型铁矿1处，大型基性—超基性岩浆熔离-贯入型铁矿1处（新发现），中型铁矿1处，小型铁矿5处，铁矿点5处，金矿点1处，铜矿点1处。代表性矿床为白山市板石沟铁矿床、通化县四方山铁矿床、白山市江源区五道羊岔铁矿（新发现的大型矿床）。

近年在该找矿远景区内新发现的白山市江源区五道羊岔铁矿，为与岩浆作用有关的基性—超基性岩浆熔离-贯入型，赋矿岩体为新太古代（阜平期）的角闪岩。该类岩体侵入于杨家店岩组内，呈北东向展布，与地层片麻理方向一致，遭受了区域变质作用。矿体主要赋存在角闪岩体中部偏下内部相斑杂状斜长角闪岩中，矿体呈似层状、板状，平行叠置成群产出，为隐伏和半隐伏型。矿石类型为钒钛磁铁矿石，主要有用金属矿物为磁铁矿、含钒磁铁矿、钛铁矿。矿石中赤铁矿、褐铁矿含量较高，平均$\omega(OFe)$ 5.63%，$\omega(siFe+cFe+sfFe)$ 6.80%＞3%；平均$\omega(mFe)/\omega(TFe-siFe-cFe-sfFe)=76.90\%$，矿石为弱磁性铁矿石。伴生主要有用组分为V、Ti、Co，V含量为0.216%，Ti含量为2.70%，Co含量为0.007%，另有Ni、Nb、Sc、Ga、Se、Te等。目前，该矿床共发现10个矿组98条铁矿体，探明铁矿石量1.87×10^8t，为大型铁矿床。

2. 成矿作用及其演化

该成矿带内的成矿时代有太古宙、元古宙、古生代和中生代四大成矿时期，以新太古代、古—中元古代成矿为主，吉林省的一些大中型铁、金矿床产在这一时期构造单元内，纯属燕山期形成的矿床不多，但该区分布的多数矿床（铁矿例外）大都是燕山期定位的，成矿与燕山期构造岩浆热液作用有密切关系。

新太古代末期的构造拼合作用使得吉南地区形成统一的龙岗复合陆块，成矿作用发生在陆核北东向、北西向裂陷槽内，经历了早期海底火山-沉积、区域变质、后期表生改造成矿作用。早期裂陷槽下由于地幔上涌喷出基性—中酸性火山岩，带来大量Fe、Cu等有益组分，形成了区域上的含铁、金建造。由于阜平运动，复合陆块边缘裂谷条件下形成的火山-沉积建造发生区域变质作用，使元素发生分异，Fe和其他元素，特别是硅分别聚集，形成磁铁矿与石英等主要的矿石矿物和脉石矿物。随着变质作用增强，铁矿成矿物质在变形的褶皱转折端等有利构造部位进一步富集，使矿体变厚，品位增高，形成鞍山式沉积变质型铁矿。伴随阜平运动大规模的深成TTG岩浆侵位之后，基性—超基性岩浆侵位于龙岗陆核的边缘，岩浆演化晚期已经发生熔离、分异的含铁较高的岩浆沿构造裂隙贯入，形成基性—超基性岩浆熔离-贯入型钒钛磁铁矿床。产于绿岩中的金矿，其成矿作用时间上的演化反映了古陆裂谷成矿特征与滨太平洋成矿特征相互重叠的特点，在成矿地质特征上有多期、多阶段性，但主要成矿期属燕山期。这类金矿经过了阜平期、中条期、格林威尔期、海西期以及燕山期等多期次的成矿作用相互叠加，显示了多期、多源的叠生矿床特征。尤其是燕山期岩浆活动叠加改造了矿源层，使成矿物质活化、迁移、富集成矿，形成夹皮沟式绿岩型金矿。

古元古代早期龙岗复合陆块开始裂解并形成裂谷，即"辽吉裂谷带"，随古陆核裂陷槽进一步发展扩大，地幔大幅度上涌，大量基性—中酸性岩浆喷出。在盆地北侧赤柏松隆起上活动着的南北向断裂内广泛充填着来自盆地深部上涌的地幔含矿基性—超基性岩，岩浆侵位于岩浆房后，发生了液态重力分异，从而导致上部基性岩相及下部超基性岩相的形成。当分异作用达到一定程度时，随岩浆酸度的增加，硫化物熔融体的溶解度降低，促成了熔离作用的发生，经熔离生成的硫化物熔浆因重力作用而沉于岩体底部,形成赤柏松式铜镍矿床。龙岗陆核北缘中元古代产生的裂陷槽赋有中酸性火山岩-沉积碎屑岩-碳酸盐岩建造,形成初始矿源层,在燕山期岩浆构造热液作用下,往往形成中小型金及多金属矿床。燕山期以来,大规模的火山喷发及岩浆侵入活动,中酸性岩浆上侵携带大量的成矿物质,在区域应力场作用下迁就、追踪原张裂隙,形成以张扭为主,伴压扭、扭性的缓倾斜裂隙群,在各方向的构造空间内,形成工业矿体,形成了斑岩型铜矿床(二密铜矿、天合兴铜钼矿)。

该成矿带区域成矿模式见图4-14,地质及矿产特征见图4-15。

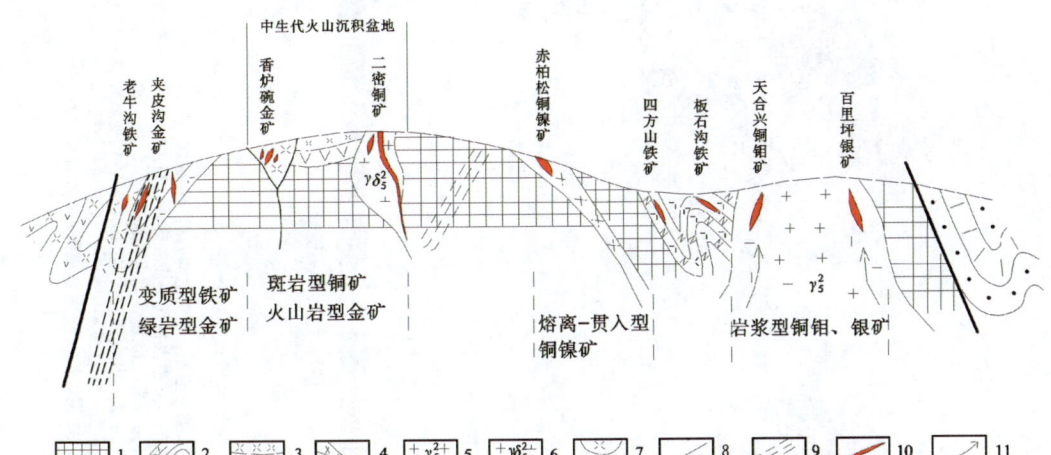

图 4-14　铁岭-靖宇(次级隆起)成矿带(Ⅲ-56-①)区域成矿模式图

1.太古宙古陆核;2.中新太古代基性火山-碎屑沉积建造;3.中生代陆相中酸性火山-沉积建造;4.五台期辉绿辉长-橄榄苏长、辉长-二辉橄榄岩;5.燕山期花岗岩;6.燕山期闪长岩类;7.次火山岩;8.深大断裂;9.韧性剪切带;10.矿体;11.热液或成矿物质运移方向

(二)营口-长白(次级隆起、Pt_1 裂谷)Pb-Zn-Fe-Au-Ag-U-B-菱镁矿-滑石成矿带(Ⅲ-56-②)

1.成矿地质条件及成矿特征

该成矿带位于辽吉古元古代裂谷内,系其中段,由北东折向南东与朝鲜惠山-利原金多金属成矿带相接,在朝鲜境内有云兴铜矿、检德铅锌矿等大型、超大型矿床,南西则与辽南青城子-盖县金多金属成矿带毗连,划分了7个V级找矿远景区。

出露的地层主要由古元古界集安岩群和老岭岩群组成。集安岩群分布于南西侧集安一带,为一套含石墨、硼、高铝为特征的火山-沉积建造,属裂谷早期建造;老岭岩群分布于中东部老岭背斜两翼,出露于南岔、大横路、荒沟山、临江、大栗子一带,大栗子以东被新近纪玄武岩所覆盖。长大于150km,宽在50km左右,面积约7500km²,出露面积约4000km²。这套中浅变质岩系是由碳酸盐岩-碎屑岩建造组成,其原岩是镁质碳酸盐岩、浊积岩及富铁铝沉积岩类。南西部和东部中生代岩浆活动强烈,主要为中生代火山岩沉积建造,古元古界、下古生界零星分布于其中。岩浆岩主要为燕山期的斑状花岗岩和正长花岗岩。

该成矿带北部通化—抚松一带出露青白口系,其底部与珍珠门岩组接触带及其附近发现厚度大、矿化体稳定、品位较高的特殊类型金矿。该类金矿与青白口系钓鱼台组富赤铁矿层有关。

区域变质岩系经历三期变质变形,第一期褶皱变形控制检德式铅锌矿,第二期变形控制大横路钴矿的矿体形态,第三期变形以第二期变形形成的透入性片理为变形面,形成北东向开阔的等厚褶皱。著名

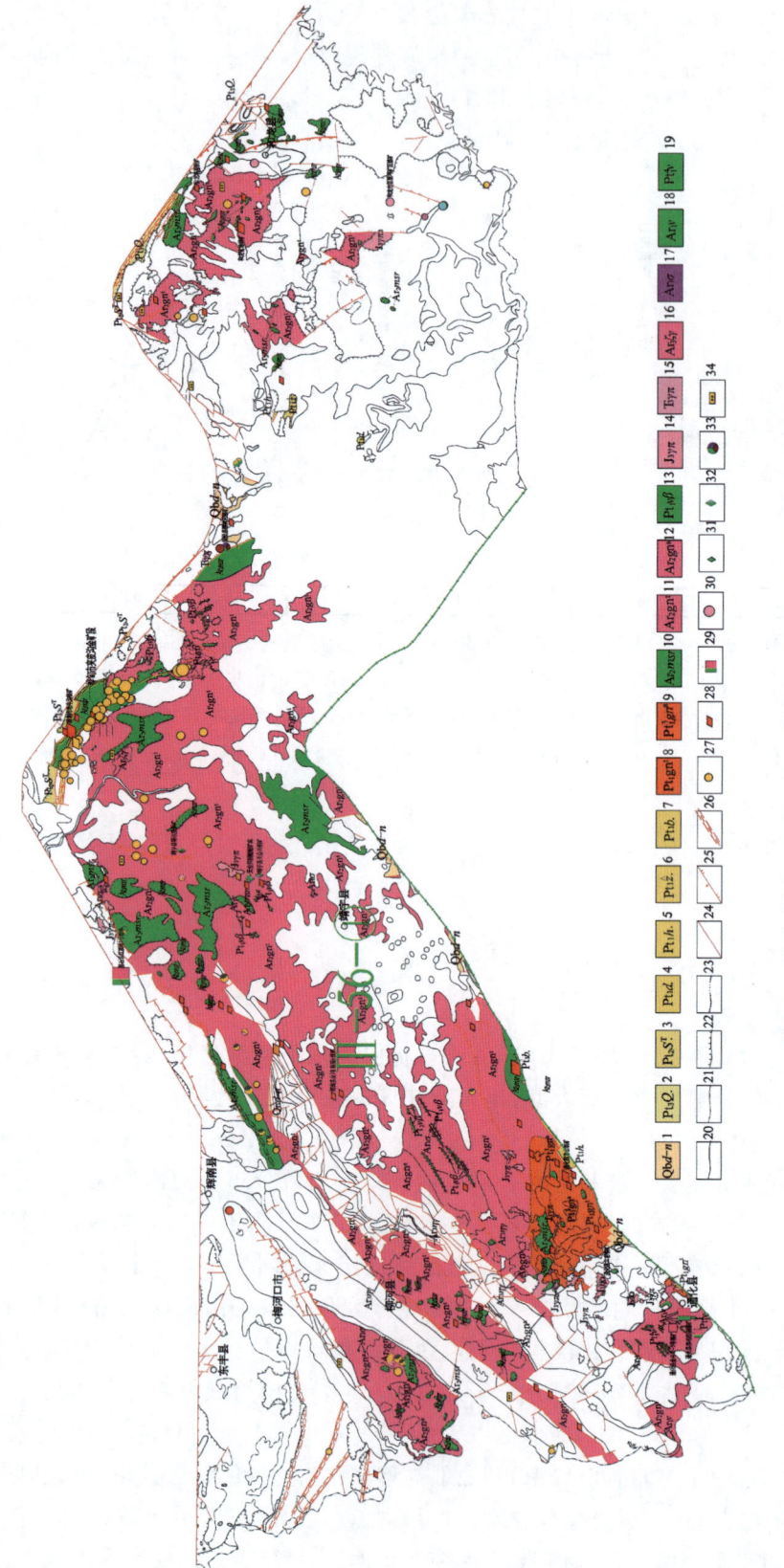

图 4-15 铁岭-靖宇（次级隆起）成矿带（Ⅲ-56-①）区域地质矿产图

1.钓鱼台组、南芬组井层；2.青龙村岩群；3.色洛河岩群构造地层地体；4.大栗子岩组；5.荒岔沟岩组；6.珍珠门岩组；7.板枋沟岩组；8.古元古代英云闪长质片麻岩；9.古元古代钾长花岗质片麻岩；10.中太古代变质表壳岩；11.中太古代英云闪长质片麻岩；12.中太古代钾长花岗质片麻岩；13.古元古代变质辉长岩；14.晚侏罗世花岗斑岩；15.晚三叠世二长花岗岩；16.新太古代变质正长花岗岩；17.中太古代变质微岩；18.古元古代变质辉长岩；19.古元古代变质辉长岩；20.地质界线；21.韧性剪切界线；22.超动接触界线；23.角度不整合界线；24.性质不明断层；25.测逆断层倾向；26.韧性剪切带；27.金矿；28.铁矿；29.铜镍矿；30.银矿；31.铜矿；32.铜钼矿；33.多金属矿；34.砂金矿的控矿断裂是南岔-荒沟山-小四平"S"形构造带,总体上沿珍珠门岩组与大栗子岩组接触带发生、发展和演化,长度大于80km,宽0.1~0.5km,沿该带发生显著的岩溶作用,形成较大规模的岩溶角砾岩带。

1) 金厂-复兴 Au-B-Fe-Pb-Zn-Cu-Ag-S 找矿远景区(Ⅴ30)

(1) 地质特征:区内出露的地层主要有古元古界集安岩群蚂蚁河岩组、荒岔沟岩组、大东岔岩组,老岭岩群林家沟岩组、珍珠门岩组、花山岩组。蚂蚁河岩组为一套黑云变粒岩-浅粒岩夹大理岩-斜长角闪岩变质建造,以含硼为特征,为变质型硼矿的主要赋矿层位,其原岩为中酸性火山碎屑岩-基性火山岩建造、镁质碳盐岩-砂泥质岩建造;荒岔沟岩组为一套变粒岩-斜长角闪岩夹含石墨大理岩变质建造,以含石墨为特征,其原岩为基性火山岩-碳酸盐岩-类复理石建造,其中含碳质较高的岩石对金等成矿有益元素有强烈的吸附作用,致使沿该岩层有金元素的初步富集,形成初始的矿源层;珍珠门岩组为一套厚层大理岩变质建造,原岩为白云岩-碳酸盐岩建造,为金多金属矿产的赋矿层位;花山岩组为一套二云母片岩夹大理岩变质建造,原岩为泥质粉砂岩-碳酸盐岩建造。此外,该区还出露中侏罗统果松组安山质火山角砾岩、安山质岩屑晶屑凝灰岩、玄武安山岩、安山岩,小东沟组紫灰色粉砂岩,局部夹劣质煤、杂色砂岩、粉砂岩、砾岩砂岩。区内侵入岩较发育,具有多期多阶段性,分别为古元古代辉长岩、二辉橄榄岩、正长花岗岩、石英正长岩、花岗闪长岩、角闪正长岩、巨斑花岗岩;晚三叠世闪长岩、二长花岗岩;早白垩世花岗斑岩;还发育钠长斑岩、闪长斑岩、闪长玢岩等脉岩。区内北东—北北东向断裂和断裂破碎带是主要控矿断裂和容矿断裂,北北东向断裂与北西向断裂及东西向断裂的交会部位是成矿的有利部位。区内已知的矿床、矿点、矿化点等均与断裂构造有关。

(2) 矿产特征:区内的矿产以沉积变质型硼、岩浆热液改造型金为主,有少量的铁、铅锌、硫铁矿等层控矿点出现。中型金矿1处,中型硼矿1处,小型金矿10处,小型砂金矿1处,小型硼矿5处,小型铅锌矿2处,小型铁矿4处,小型硫铁矿2处,金矿点16处,硼矿点17处。代表性矿床为集安市高台沟硼矿床、集安市西岔金银矿床。

2) 大安 Au-Fe-Cu-P 找矿远景区(Ⅴ31)

(1) 地质特征:位于浑江坳陷盆地北部边缘。出露的地层有珍珠门岩组厚层大理岩,大栗子岩组千枚岩夹大理岩,南华系钓鱼台组石英角砾岩、石英砂岩夹赤铁矿,为金主要含矿层位。南华系南芬组页岩夹硅泥质灰岩和桥头组石英砂岩与页岩互层,震旦系万隆组为灰岩建造,震旦系八道江组为藻礁灰岩和青沟子组黑色页岩。区内侵入岩只有六道江镇北西部分布花岗斑岩类,在桥头组与万隆组之间呈脉状(似层状)产出,长约4km,其同位素测年资料为(31.6±13)Ma(SHRIMP 锆石 U-Pb)。区内火山活动发生于晚中生代和新生代,断层众多,主要有北东向,同褶皱轴向断层,北西向横切褶皱轴向的断层。前者多属逆冲断层,后者属走滑或斜冲断层。

(2) 矿产特征:区内的主要矿产以沉积型金、铁、磷、石膏矿产为主,有少量的铅、锌等层控矿点出现。大型金矿1处,金矿点2处,小型铁矿4处,铁矿点2处。代表性矿床为白山市金英金矿床、白山市刘家堡子-狼洞沟金银矿床。

3) 抚松 Pb-Zn 找矿远景区(Ⅴ32)

(1) 地质特征:位于辽吉裂谷内浑江盆地北东端与长白山火山构造隆起带接壤部位。出露的地层有中太古界四道砬子河岩组斜长角闪岩与黑云变粒岩互层夹磁铁石英岩,原岩为中基性—酸性火山岩-火山碎屑岩及硅铁质沉积岩建造,为沉积变质型铁矿的主要赋矿层位;新元古界南华系钓鱼台组石英角砾岩、石英砂岩夹赤铁矿,是重要的铁、金含矿层位,南芬组页岩夹泥灰岩,局部有膏岩透镜体和铜矿化,桥头组石英砂岩与页岩互层;震旦系万隆组灰岩夹页岩建造、八道江组灰岩建造;古生界寒武系—奥陶系海相碎屑岩-碳酸盐岩建造,石炭系—二叠系碎屑岩、铝土质岩夹煤建造,其中水洞组赋存沉积型磷矿;中生界三叠系长白组安山质火山碎屑岩建造;侏罗系义和组砂岩、砾岩夹煤建造,鹰嘴砬子组砂岩、砾岩夹煤建造,果松组砂砾岩、安山岩建造,林子头组流纹质火山碎屑岩夹流纹岩建造,石人组砂岩、砾岩夹煤建造。区内断裂构造主要有北东向、北西向2组。北西向断裂常被石英斑岩脉充填,多为高角度正断层,该组断裂成矿后仍有活动,切割矿体及北东向断裂;北东向断裂常有岩脉侵入,并见有黄铁绢英岩化,具多期活动特点,北东向主断裂控制矿带展布,次级平行主断裂的层间断裂为容矿断裂。区内燕山期中酸性侵入岩较发育,主要有中、晚侏罗世大青山复合岩体,由二长花岗岩与闪长岩组成,岩体内部和北部外接触带有数处铅矿点;晚侏罗世抚松东二长花岗岩体和大营林场岩体,大营林场二长花岗岩体形态不规则,局部呈岩枝状侵入晚中生代火山岩和寒武系碳酸盐岩中,并在内外接触带形成一系列的热液型铅矿床,岩体内部和外接触带有多处铅矿床和矿点;区内有闪长岩脉,局部还有细晶岩脉。

区内矿床的围岩为不同时期(震旦系—奥陶系)的碳酸盐岩建造、中生代钙碱性火山岩建造,成矿与燕山期中—酸性(钙碱性)侵入岩有关,特别是岩体的岩枝和凸出部位有利于成矿,矿体受层间构造和不同方向的容矿构造控制。

(2)矿产特征:小型铅锌矿1处,小型铁矿4处。代表性矿床为抚松县大营铅锌矿床。

4)古马岭Au-Pb-Zn找矿远景区(Ⅴ33)

(1)地质特征:位于胶辽吉古元古代裂谷带、集安裂谷盆地内。出露的地层有古元古界集安岩群蚂蚁河岩组—套黑云变粒岩-浅粒岩夹大理岩、斜长角闪岩变质建造,以含硼为特征,为变质型硼矿的主要赋矿层位;荒岔沟岩组—套变粒岩-斜长角闪岩夹含石墨大理岩变质建造,以含石墨为特征,其中含碳质较高的岩石对金等成矿有益元素有强烈的吸附作用,致使沿该岩层有Au元素的初步富集,形成初始的矿源层;大东岔岩组含夕线石榴黑云斜长片麻岩。新元古界南华系钓鱼台组石英角砾岩、石英砂岩夹赤铁矿,是重要的铁、金含矿层位。下古生界寒武系水洞组含磷粉砂岩,含海绿石和胶磷矿砾石细砂岩;碱厂组灰岩、石英砂岩、沥青质灰岩;馒头组含铁泥质白云岩、含石膏泥质白云岩、粉砂岩夹石膏;张夏组灰岩建造;崮山组页岩、粉砂岩夹灰岩建造;炒米店组灰岩夹页岩。奥陶系冶里组灰岩夹页岩和竹叶状灰岩建造。中生界上侏罗统果松组砂砾岩、安山岩建造。区内构造以脆性断裂构造为主,其次为韧性变形构造。脆性断裂构造主要有北东向和北西向,其次为近南北向。区域韧性变质变形构造对含矿层起到控制作用,韧性变形构造方向为北西向,发育在古元古代变质岩中。区内侵入岩较为发育,并且具有多期多阶段性特点,主要有古元古代正长花岗岩、片麻状中细粒黑云母二长花岗岩、巨斑状花岗岩,中生代晚三叠世中粒二长花岗岩,早白垩世二长花岗岩、花岗斑岩,大致呈近北西向展布。区内与矿产有关的构造主要为北东向断裂和北西向断裂,以及北西向带状展布的变质变形构造。

区内与成矿有关的建造主要是古元古界集安岩群,特别是荒岔沟岩组,是主要的含矿建造,也是区内主要的含矿目的层,在经过后期构造和岩浆热液活动及区域变质变形作用的影响和改造,矿源层中的有用矿物成分发生迁移,在有利的构造部位沉淀、富集成矿。

(2)矿产特征:小型金矿2处,铅锌矿点1处。代表性矿床为集安市下活龙金矿床。

5)南岔-荒沟山Au-Ag-Fe-Cu-Pb-Zn-S找矿远景区(Ⅴ34)

(1)地质特征:主要受辽吉古裂谷的控制,系其中段,该成矿带内成矿地质构造背景复杂。出露的地层主要有古元古界老岭岩群,分布于老岭背斜两翼,主要出露于南岔、大横路、荒沟山、临江、大栗子一带,大栗子以东被古近纪玄武岩所覆盖,为一套碳酸盐岩-碎屑岩建造,其原岩是镁质碳酸盐岩、浊积岩及富铁铝沉积岩类。区域上著名的控矿断裂是南岔-荒沟山-小四平"S"形构造带,总体上沿珍珠门岩组与大栗子岩组接触带发生、发展和演化,长大于80km,宽0.1~0.5km。沿该带发生显著的岩溶作用,形成较大规模的岩溶角砾岩带。区域变质岩系经历三期变质变形,第一期褶皱变形控制检德式铅锌矿,第二期变形控制大横路钴矿的矿体形态,第三期变形以第二期变形形成的透入性片理为变形面,形成北东向开阔的等厚褶皱。区内侵入岩不甚发育,并具有多期多阶段性,主要为中生代侏罗纪中粒二长花岗岩、中细粒闪长岩、中细粒石英闪长岩,白垩纪中细粒碱性花岗岩、花岗斑岩等。

(2)矿产特征:大型铜钴矿床1处,中型金矿床2处,中型铅锌矿床1处,中型铁矿床2处,中型锑矿床1处,小型金矿床7处,小型砂金矿床4处,小型铅锌矿床1处,小型铁矿床3处,小型铜钴矿床1处,小型硫铁矿床3处,金矿点22处,铅锌矿点4处,硼矿点1处,金矿化点1处,铅锌矿化点2处。

6)六道沟 Au-Fe-Cu-Pb-Zn-W-Mo-Ni 找矿远景区(V35)

(1)地质特征:位于胶辽吉元古代裂谷带长白火山盆地内。出露的地层主要有古元古界老岭岩群大栗子岩组千枚岩夹大理岩、石英岩及铁矿层,为大栗子式铁矿的主要赋矿层位;新元古界南华系钓鱼台组石英角砾岩、石英砂岩夹赤铁矿,是重要的铁、金含矿层位,南芬组页岩夹泥灰岩,局部有膏岩透镜体和铜矿化,桥头组石英砂岩与页岩互层;震旦系万隆组灰岩夹页岩建造,八道江组灰岩建造;下古生界寒武系馒头组含铁泥质白云岩、含石膏泥质白云岩、粉砂岩夹石膏,张夏组灰岩建造,崮山组页岩、粉砂岩夹灰岩建造,炒米店组灰岩夹页岩;奥陶系冶里组、亮甲山组、马家沟组一套海相碎屑岩-碳酸盐岩建造;中生代上三叠统长白组及上侏罗统果松组、林子头组火山岩;新近系军舰山组玄武岩。区内侵入岩较发育,主要有古元古代花岗岩,晚侏罗世闪长岩、二长花岗岩;早白垩世花岗斑岩,其中侏罗纪中酸性侵入岩与成矿关系密切;脉岩不发育,仅见有闪长玢岩。区内断裂构造较发育,主要有北东向、北北东向和北西向断裂,区内与矿产有关的构造主要为北东向断裂和北西向断裂。

(2)矿产特征:小型铁矿床2处,小型铜钼矿床3处,金矿点1处,铜钼矿点2处。代表性矿床为临江市六道沟铜钼矿床、白山市乱泥塘铁矿床。

7)长白 Au-Cu-Fe-Mo-W 找矿远景区(V36)

(1)地质特征:位于胶辽吉古元古代裂谷带东段长白火山盆地内。出露的地层有古元古界老岭岩群大栗子岩组千枚岩夹大理岩、石英岩及铁矿层,为大栗子式铁矿的主要赋矿层位;新元古界南华系钓鱼台组石英角砾岩、石英砂岩夹赤铁矿,是重要的铁、金含矿层位,南芬组页岩夹泥灰岩,局部有膏岩透镜体和铜矿化,桥头组石英砂岩与页岩互层;震旦系万隆组灰岩夹页岩建造,八道江组灰岩建造;下古生界寒武系水洞组含磷粉砂岩,含海绿石和胶磷矿砾石细砂岩,碱厂组灰岩、石英砂岩、沥青质灰岩,馒头组含铁泥质白云岩、含石膏泥质白云岩、粉砂岩夹石膏,张夏组灰岩建造,崮山组页岩、粉砂岩夹灰岩建造,炒米店组灰岩夹页岩;奥陶系冶里组、亮甲山组、马家沟组一套海相碎屑岩-碳酸盐岩建造;上古生界石炭系—二叠系本溪组、山西组煤系地层;中生代上三叠统长白组火山岩建造;新近系土门子组碎屑岩夹有玄武岩及硅藻土,军舰山组玄武岩。区内侵入岩不发育,零星见有燕山期花岗岩、闪长岩、闪长玢岩。区内断裂构造较发育,主要有北东向、北北东向和北西向断裂,区内与矿产有关的构造主要为北东向断裂和北西向断裂。

(2)矿产特征:金矿点2处,铜矿点2处,铅锌矿点1处,多金属矿点1处。

2. 成矿作用及其演化

该成矿带受辽吉裂谷控制,成矿时代有新太古代、元古宙、古生代和中生代四大成矿时期,以新太古代、元古宙成矿为主。区内的一些大中型矿床产在这一时期构造单元内,纯属燕山期形成的矿床不多,但是该区分布的多数矿床(沉积型矿床及铁矿例外)大都是燕山期定位的,成矿与燕山期构造岩浆热液作用有密切关系。

新太古代末期的构造拼合作用使得吉南地区形成统一的龙岗复合陆块,成矿作用发生在陆核北东向、北西向裂陷槽内,经历了早期海底火山-沉积、区域变质、后期表生改造成矿作用。早期裂陷槽下由于地幔上涌喷出基性—中酸性火山岩,带来大量 Fe、Au 等有益组分,形成了区域上的含铁、金建造。由于阜平运动,复合陆块边缘裂谷条件下形成的火山-沉积建造发生区域变质作用,使元素发生分异,Fe 和其他元素,特别是硅分别聚集,形成磁铁矿与石英等主要的矿石矿物和脉石矿物。随着变质作用增强,铁矿成矿物质在变形的褶皱转折端等有利构造部位进一步富集,使矿体变厚,品位增高,形成鞍山式沉积变质型铁矿,区内该类型铁矿多为小型矿床或矿点。

古元古代早期龙岗复合陆块开始裂解并形成裂谷,即"辽吉裂谷带",随古陆核裂陷槽进一步发展扩大,致使地幔大幅度上涌,大量基性—中酸性岩浆喷出,导致地壳沉陷,形成裂谷盆地。古元古代早期呈现海相蒸发盐环境,沉积物中堆积大量来自古陆壳风化富矿物质,其下部为含硼蒸发岩建造;中部为石墨碳酸盐岩-中基性火山岩多金属建造,分别构成硼矿和多金属矿源层,后者为该区金、铜、钴、铅、锌矿的成矿提供了物质基础;古元古代晚期盆地内沉积形成了陆源碎屑岩-碳酸盐岩含铁、金及多金属建造,构成了铁、金和多金属矿源层。在1900Ma左右(吕梁运动)辽吉裂谷的抬升回返过程中,含矿地层发生褶皱和断裂,为热液环流提供了构造空间,同时在伴随的区域变质及大量底辟花岗岩侵入就位作用下,变质热液从围岩和原始矿层或矿源层中萃取成矿元素及其伴生组分,形成含矿热液,含矿热液运移到有利的构造空间沉淀或叠加到原始矿层或矿源层之上富集成矿,形成了沉积变质型矿床,主要有高台沟式沉积变质型硼矿床、大横路式沉积变质型铜钴矿床、大栗子式沉积变质型铁矿床等。辽吉裂谷自中条运动之后裂谷作用趋于停止,转为稳定陆块发展时期,古元古界珍珠门岩组与新元古界钓鱼台组之间形成一个沉积不整合面,由于地壳运动,沿此不整合面形成隆-滑型拆离性质的断裂构造,发育有厚大的含金等成矿物质的构造角砾岩带。至中生代,由于太平洋板块的俯冲,再次发生强烈构造活动,沿隆-滑断裂形成大规模的北东向断裂束,地表和地下水环流将地层中的含矿物质带出,在构造扩容空间沉淀、富集成矿,形成金英式岩浆热液改造型金矿床。新元古代早期沿老岭隆起的边缘形成边缘坳陷盆地(低洼海盆),沉积了大量来自古陆壳风化剥蚀产物,形成含铁、铜的海相碎屑岩建造,局部富集成矿,形成了沉积型(临江式—浑江式)铁矿床等。古生代区内构造环境为稳定的克拉通盆地环境,其沉积物为典型的盖层沉积,早古生代地层下部为一套红色页岩建造夹浅海碳酸盐岩建造,以含磷、石膏为特征,代表性矿床有东热石膏矿床、水洞磷矿床等,上部为台地碳酸盐岩建造。晚古生代早期为含煤单陆屑碎屑岩建造,构成了浑江煤田的主体,晚期为一套河流相红色多陆屑碎屑岩建造。晚三叠世以来,区内进入滨太平洋构造域的演化阶段,受太平洋板块向欧亚板块俯冲作用的影响,岩浆活动强烈,形成了大量的侵入岩带和火山岩区。在岩浆和火山作用下,岩浆热液对围岩地层进行交代和改造,形成了大量的矽卡岩和岩浆热液改造型矿床,代表性矿床有荒沟山式岩浆热液改造型金矿床、六道沟式矽卡岩型铜钼矿床。

该成矿带区域成矿模式见图4-16。

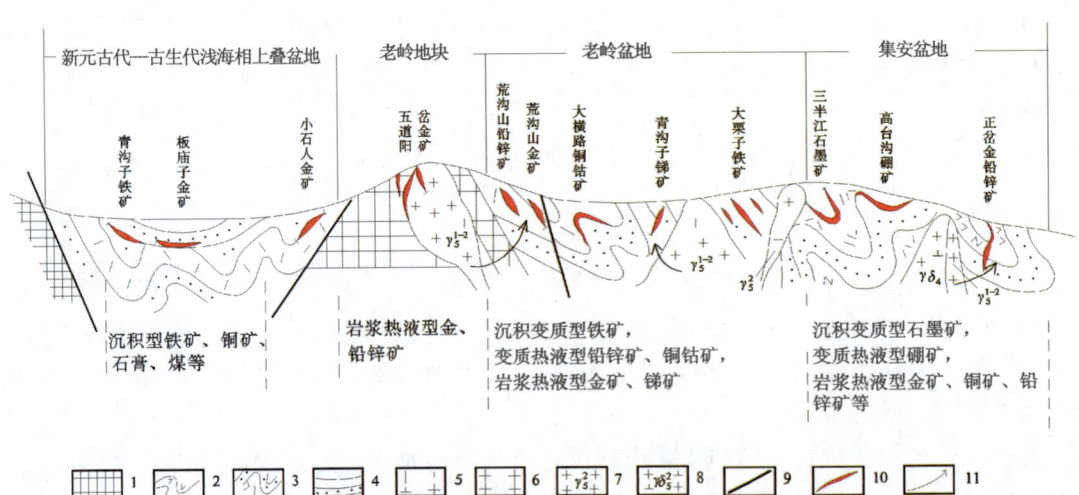

图4-16 营口-长白(次级隆起、Pt_1裂谷)成矿带(Ⅲ-56-②)区域成矿模式图

1.太古宙古陆核;2.古元古代裂谷早期(集安期)碎屑-碳酸盐岩-火山沉积建造;3.古元古代早期(老岭期)碎屑-碳酸盐岩沉积建造;4.新元古代—古生代海相碎屑岩-碳酸盐岩沉积建造;5.海西期二长花岗岩、石英闪长岩;6.印支期—燕山期花岗岩类;7.燕山期花岗岩;8.燕山期闪长岩类;9.深大断裂;10.矿体;11.热液或成矿物质运移方向

主要参考文献

曹俊臣,1984.中国萤石矿床分类及其成矿规律[D].贵阳:中国科学院地球化学研究所.

陈刚,付友山,聂立军,等,2011.敦化市大石河钼矿床地球化学及矿物学特征[J].吉林地质,30(1):65-69.

陈毓川,1999.中国主要成矿区带矿产资源远景评价[M].北京:地质出版社.

陈毓川,裴荣富,王登红,2006.三论矿床的成矿系列问题[J].地质学报,80(10):1501-1508.

陈毓川,王登红,徐志刚,等,2015.中国重要矿产和区域成矿规律[M].北京:地质出版社.

陈毓川,王登红,2010.重要矿产预测类型划分方案[M].北京:地质出版社.

程裕淇,陈毓川,赵一鸣,1983.再论矿床的成矿系列问题[J].中国地质科学院院报(6):1-63.

单承恒,李峰,时俊峰,等,2004.吉林省杨金沟白钨矿床地质地球化学特征及找矿标志[J].矿产与地质,18(5):440-445.

邸新,毕小刚,贾海明,等,2011.蛟河地区前进岩体锆石U-Pb年龄及其与吉中-延边地区钼成矿作用的关系[J].吉林地质,30(4):25-28.

范正国,黄旭钊,熊胜青,等,2010.磁测资料应用技术要求[M].北京:地质出版社.

冯守忠,1998.吉林二密铜矿床地质特征及矿床成因[J].桂林工学院学报,18(4):323-329.

冯守忠,2001.吉林放牛沟多金属矿床成矿物质来源[J].火山地质与矿产,22(1):55-62.

冯守忠,2004.吉林荒沟山铅锌矿床地质特征及矿床成因探讨[J].地质与资源,14(3):153-158.

高岫生,吴卫群,韩春军,等,2010.天宝山矿区东风北山钼矿床地质特征及成因探讨[J].吉林地质,29(4):43-47.

龚一鸣,杜远生,冯庆来,等,1996.造山带沉积地质与图层耦合[M].武汉:中国地质大学出版社.

贺高品,叶慧文,1998.辽东-吉南地区中元古代变质地体的组成及主要特征[J].长春科技大学学报,28(2):152-162.

胡墨田,王培君,1993.辽东-吉南地区硼矿床地质特征及成矿规律[J].化工地质,15(3):161-168.

黄云波,张洪武,2002.吉林金厂沟金矿石英的标型特征及应用[J].黄金地质(4):56-60.

吉林省地质矿产局,1988.吉林省区域地质志[M].北京:地质出版社.

吉林省地质矿产局,1997.吉林省岩石地层[M].武汉:中国地质大学出版社.

贾大成,孙鹏惠,徐志勇,等,1998.吉林省永吉县倒木河金矿控矿构造特征[J].吉林地质(2):42-48.

贾汝颖,1988.吉林省的矿产资源[J].吉林地质(2):50-59.

姜春潮,1957.东北南部震旦纪地层[J].地质学报(1):35-142.

鞠楠,任云生,王超,等,2012.吉林敦化大石河钼矿床成因与辉钼矿Re-Os同位素测年[J].世界地质(1):68-76.

李之彤,李长庚,1994.吉林磐石—双阳地区金银多金属矿床地质特征成矿条件和找矿方向[M].长春:吉林科学技术出版社.

刘尔义,李耘,1982.细河群、浑江群在青白口系、震旦系中的位置[J].吉林地质(4):43-50,98.

刘洪文,邢树文,2002.吉南地区斑岩-热液脉型多金属矿床成矿模式[J].地质与勘探(2):28-32.

刘嘉麒,1999.中国火山[M].北京:科学出版社.

刘茂强,米家榕,1981.吉林临江附近早侏罗世植物群及下伏火山岩地质时代讨论[J].长春地质学院学报(3):18-29.

刘兴桥,刘俊斌,张俊影,等,2009.吉林省敦化市大石河钼矿地质特征及找矿方向[J].吉林地质(3):39-42.

卢秀全,胡春亭,钟国军,2005.吉林珲春杨金沟白钨矿床地质特征及成因初探[J].吉林地质,24(3):16-21.

孟祥化,1979.沉积建造及其共生矿床分析[M].北京:地质出版社.

孟祥金,侯增谦,董光欲,等,2007.江西金溪熊家山钼矿床特征及其 Re-Os 年龄[J].地质学报,81(7):946-950.

欧祥喜,马云国,2000.龙岗古陆南缘光华岩群地质特征及时代探讨[J].吉林地质,19(9):16-25.

潘桂棠,肖庆辉,等,2017.中国大地构造[M].北京:地质出版社.

彭玉鲸,苏养正,1997.吉林中部地区地质构造特征[J].沈阳地质矿产研究所所刊(5/6):335-376.

朴英姬,张忠光,李国瑞,2010.吉林省安图县刘生店钼矿地质特征及找矿远景[J].吉林地质,29(4):54-58.

邵济安,唐志东,李国瑞,1995.中国东北地体与东北亚大陆边缘演化[M].北京:地震出版社.

邵建波,范继璋,2004.吉南珍珠门组的解体与古—中元古界层序的重建[J].吉林大学学报(地球科学版),34(20):161-166.

沈保丰,李俊建,毛德宝,等,1988.吉林夹皮沟金矿地质与成矿预测[M].北京:地质出版社.

沈保丰.辽吉太古宙地质及成矿[M].北京:地质出版社.

史致元,周志恒,王玉增,等,2008.吉林省中部大中型钼矿发现过程中勘查地球化学方法的应用效果[J].吉林地质,27(2):96-102.

松权衡,刘忠,杨复顶,等,2008.国内外铁矿资源简介[J].吉林地质,27(3):5-7,12.

松权衡,李景波,于城,等,2002.白山市大横路铜钴矿床找矿地球化学模式[J].吉林地质,21(2):56-64.

松权衡,魏发,2000.白山市大横路铜钴矿区稀土元素地球化学特征[J].吉林地质,19(1):47-50.

孙景贵,邢树文,郑庆道,等,2006.中国东北部陆缘有色贵金属矿床的地质地球化学[M].长春:吉林大学出版社.

王集源,吴家弘,1984.吉林省元古宇老岭群的同位素地质年代学研究[J].吉林地质,3(1):11-21.

王奎良,包延辉,张叶春,等,2006.吉林省桦甸火龙岭钼矿床地质特征及其成因[J].吉林地质,25(3):11-14.

向运川,任天祥,牟绪赞,等,2010.化探资料应用技术要求[M].北京:地质出版社.

熊先孝,薛天兴,商朋强,等,2010.重要化工矿产资源潜力评价技术要求[M].北京:地质出版社.

徐志刚,陈毓川,王登红,等,2008.中国成矿区带划分方案[M].北京:地质出版社.

杨言辰,冯本智,刘鹏鄂,2001.吉林老岭大横路式热水沉积叠加改造型钴矿床[J].长春科技大学学报,31(1):40-45.

杨言辰,王可勇,冯本智,2004.大横路式钴(铜)矿床地质特征及成因探讨[J].地质与勘探,40(1):56-62.

于学政,曾朝铭,燕云鹏,等,2010.遥感资料应用技术要求[M].北京:地质出版社.

翟裕生,1999.区域成矿学[M].北京:地质出版社.

张秋生,李守义,1985.辽吉岩套—早元古宙的一种特殊化优地槽相杂岩[J].长春地质学院学报,39(1):1-12.

赵冰仪,周晓东,2009.吉南地区古元古代地层层序及构造背景[J].世界地质,28(4):424-429.